电工技能实训

◎主　编：周皓　周军

外语教学与研究出版社
FOREIGN LANGUAGE TEACHING AND RESEARCH PRESS
北京 BEIJING

图书在版编目（CIP）数据

电工技能实训 / 周皓，周军主编. — 北京 ：外语教学与研究出版社，2015.3（2023.7 重印）

ISBN 978-7-5135-5801-3

I. ①电… II. ①周… ②周… III. ①电工技术－高等职业教育－教材 IV. ①TM

中国版本图书馆 CIP 数据核字（2015）第 065667 号

出 版 人　王 芳
项目策划　吕志敏
责任编辑　吴 飞
装帧设计　锋尚设计
封面设计　高 蕾
出版发行　外语教学与研究出版社
社　　址　北京市西三环北路 19 号（100089）
网　　址　https://www.fltrp.com
印　　刷　北京虎彩文化传播有限公司
开　　本　787×1092　1/16
印　　张　9
版　　次　2015 年 8 月第 1 版　2023 年 7 月第 3 次印刷
书　　号　ISBN 978-7-5135-5801-3
定　　价　24.00 元

如有图书采购需求，图书内容或印刷装订等问题，侵权、盗版书籍等线索，请拨打以下电话或关注官方服务号：
客服电话：400 898 7008
官方服务号：微信搜索并关注公众号“外研社官方服务号”
外研社购书网址：https://fltrp.tmall.com

物料号：258010001

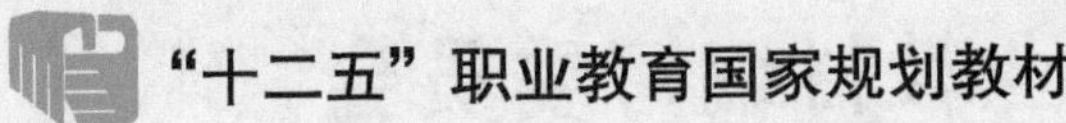

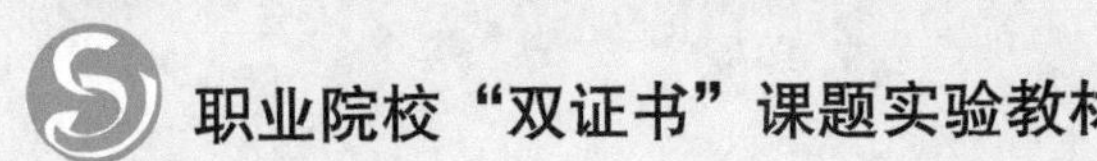

专家指导委员会

机电技术应用专业教材编写委员会

顾　问　幺居标（北京电子科技职业学院）　鲍风雨（辽宁轨道交通职业学院）

庄　严（北京电子科技职业学院）

主　任　袁秀英（天津职业大学）

副主任　周晓刚（苏州健雄职业技术学院）　张宏杰（苏州健雄职业技术学院）

委　员（按姓氏音序排列）

艾作众　车　娟　陈隶源　陈　铁　成建群　程　伟　戴晓丽
杜少媛　郭有福　国　鑫　哈斯花　韩军林　韩树明　何德民
何　立　呼万良　胡宏梅　贾启展　姜玉学　阚子振　兰铁梅
李红斌　刘捍东　刘琳霞　刘艳梨　卢丽丽　马　骥　倪红海
浦灵敏　钱志宏　邱寿昆　桑　杰　苏立祥　汤雪峰　唐　利
王　刚　王琳辉　王文燕　王　稳　夏永清　徐　徐　许连杰
许中军　岩淑霞　杨远林　姚臣敏　袁　涛　张洪涛　张　辉
张希光　张耀强　张　勇　张甬兰　章敏艳　赵素玲　郑爱权
郑君玉　郑　勇　仲小英　周　皓　周　军　周晓蓉　周占怀
朱　鸽　朱儒华

本书编写组

主　编　周　皓　周　军

副主编　朱儒华　郑君玉　陈隶源

参　编　呼万良　袁　涛　王　刚　卢丽丽　孔春梅
周文华

主　审　袁秀英

职业院校“双证书”课题实验教材

出版说明

实行“双证书”制度，是党中央、国务院适应社会主义市场经济要求，推动职业教育、职业培训改革的重要举措。1993年，《中共中央关于建立社会主义市场经济体制若干问题的决定》中就提出：“要制订各种职业的资格标准和录用标准，实行学历文凭和职业资格两种证书制度。”从那时起，“双证书”制度历经制度确立、探索试点、积极推进三个发展阶段。2014年，《国务院关于加快发展现代职业教育的决定》（国发〔2014〕19号）指出：“服务经济社会发展和人的全面发展，推动专业设置与产业需求对接，课程内容与职业标准对接，教学过程与生产过程对接，毕业证书与职业资格证书对接，职业教育与终身学习对接。重点提高青年就业能力”“推进人才培养模式创新……积极推进学历证书和职业资格证书‘双证书’制度”。

近年来国家有关部门为促进就业和提高劳动者素质，对职业院校实施“双证书”制度做出了许多政策安排，“双证书”制度在广大职业院校得到有效推行，学历证书、职业资格证书成为毕业生就业的“敲门砖”和“通行证”。但是，我们也发现，职业院校学历认证和职业资格认证还没有从根本上实现贯通，存在着各行其道、“两张皮”的普遍现象，缺乏连接两者的桥梁和纽带，而融合“双证书”的课程与教材建设滞后是其关键原因。

为了探索解决这个长期困扰中国职业教育界的难题，人力资源和社会保障部职业技能鉴定中心部级课题“职业技能教学用书开发技术规范和评价体系研究”课题组（项目编号：RS2013-16，以下简称“课题组”）在“双证书”课程资源建设开发方面做了积极研究和有益尝试。课题组认为：“双证书”课程是指实现国家职业技能标准和专业教学标准对接、职业技能鉴定与专业课程学习考核对接的课程，它是使学生在不延长学习时间的情况下，同时获得学历证书和职业资格证书的学校正规课程。加强对“双证书”课程教材开发的研究，对于探索从课程层面做到“双证结合”，引导学校用好现有职业技能鉴定政策，推动学生职业技能和就业竞争力提升，具有十分重要的意义。开发职业技能鉴定与学校课程考试“两考合一”的“双证书”教材，可以形成“双证书”政策落地的基础性教学资源，能够解决推行“双证书”制度、实施“两考合一”的“最后一公里”问题。

为了在教材层面上做到专业教学标准与国家职业技能标准的内容对接，课题组通过研究，编制了《中等职业学校“双证书”课程教材开发技术规范》，主要技术要点如下：一是以专业教学标准为依据，细化“双证书”培养目标；二是以国家职业技能标准为依据，确定“双证书”课程；三是根据双证结合的理念，编制“双证书”课程实施规范；四是结合职场工作实际，开发“双证书”综合实训课程；五是积极改革教学模式，建设“双证书”课程标准；六是根据职教特色，组织编写“双证书”教材；七是做好试题开发组织工作和考务服务，为“两考合一”做好技术保障。这一技术规范为实现教学内容与职业标准“双覆盖”、教学过程与岗位要求“双对照”、课程考试与技能鉴定“双结合”的职业院校教材开发目标提供了一个技术指引。

外语教学与研究出版社作为课题参与单位，自 2014 年开始，陆续开发了中等职业学校机械制造技术、机械加工技术、机电技术应用、机电设备安装与维修、焊接技术应用、汽车制造与检修、汽车运用与维修、电子与信息技术、文秘等 9 个专业的“双证书”课题实验教材。

“双证书”课题实验教材的开发采取专业负责人制，每个专业由一名资深专家对教材目标、内容选择、内容组织进行总体把关，然后指导各册主编分头编写，最后由本专业教学专家、职业技能鉴定专家、企业专家、课程开发专家组成的编审委员会共同审定，确保符合课题组编制的《中等职业学校“双证书”课程教材开发技术规范》，同时，努力在教材开发中对接“四新”（新知识、新技能、新产品、新工艺），做到不遗漏知识点、技能点、态度点。

职业院校“双证书”课题实验教材的编写遵照教育部《中等职业学校专业教学标准（试行）》规定的课程名称、主要教学内容和要求进行，并在教材中融入了相应的五级、四级国家职业技能标准的要求，有助于学生学习掌握职业技能鉴定所要求的相关知识和必备技能，并获取相应等级的职业资格证书，为推动职业院校实施“双证书”制度提供了必要的教学资源支持。

职业院校“双证书”课题实验教材的开发，是一个新的探索。欢迎广大中等职业学校和职业高中积极试用我们的教材，并提出宝贵意见，我们将进一步改进和完善。

职业教育是使“无业者有业，有业者乐业”的伟大事业。让我们携起手来，为建设现代职业教育体系和构建终身职业培训体系尽自己一份绵薄之力。

人力资源和社会保障部职业技能鉴定中心
“职业技能教学用书开发技术规范和评价体系研究”课题组
2015 年 6 月 23 日

前　言

教材建设是中职学校教育教学工作的重要组成部分，中职教材作为体现中等职业教育特色的知识载体和教学的基本工具，直接关系到中职教育能否为一线工作岗位培养符合要求的应用型人才。本书体现"工学结合"的中职教育人才培养理念，强调"实用为主，必需和够用为度"，采用项目式编写体例。

本书具有以下特色：

（1）项目驱动。全书将电工的常见操作分为4个项目，每个项目中包含若干任务，每个任务中包含若干案例。从实际应用的需求出发，以企业对员工的要求为标准组织内容，将知识点和技能点融入项目中，注重解决具体问题，体现技术的具体应用。

（2）以实用技能为核心。本书选取内容时遵循实用原则和"80/20法则"。实用原则是指所选择的技术一定是能够解决工作中的实际问题的技术。"80/20法则"是指企业80%的时间在使用20%的核心技术。因此，本书摒弃了大量的非核心的理论知识及技术，专注于常用核心技术的讲解及训练。"以用为本，学以致用，不用不学"是本书内容选择的重要标准。

（3）实现"教、学、做"一体化。在教学中，先提出学习目标，然后由教师演示任务完成过程，最后由学生模拟完成类似的任务。在"教、学、做"的过程中，通过"三重循环"使学生掌握知识和技能：第一重为认识和模仿，第二重为熟练和深化，第三重为创新和提高。

本书建议学时为56学时，具体学时分配如下：

项目序号	项目名称	建议学时数
1	常用电工工具和电工仪表的使用	8
2	室内电气布线和照明电路安装	12
3	电动机的拆装	16
4	低压电器的控制与接线	20

本书由周皓、周军担任主编，朱儒华、郑君玉、陈隶源担任副主编，呼万良、袁涛、王刚、卢丽丽、孔春梅、周文华参与编写。全书由袁秀英担任主审。

本书可供中职机电类、电器类相关专业学生使用，也可供相关技术人员参考。

由于编者水平有限，加之时间仓促，书中的不妥和疏漏之处在所难免，恳请读者批评指正。

编者

2015年7月

目　录

项目1

项目2

项目1 常用电工工具和电工仪表的使用

电工在安装和维修各种供配电电路、电气设备及其电路时，都要运用各种常用电工工具，包括常用基本工具、安装工具、焊接工具、电工仪表等。作为一名维修电工，必须掌握电工常用工具的使用。电工仪表的结构性能及使用方法会影响电工测量的精确度，电工必须能合理选用电工仪表，而且了解常用电工仪表的基本工作原理及使用方法。

学习目标

一、基本目标

1. 能对电工常用工具进行分类。
2. 会使用电工仪表测量常用参量。
3. 能正确使用电工工具并进行实际操作。

二、提高目标

能使用钢丝钳或电工刀，针对几种常用导线，采取相应的方法剖削绝缘层。

项目描述

电工在安装和维修各种电气设备及电路时，要用到验电器、钢丝钳、电工刀、电烙铁等电工工具，也要用到万用表、钳形表等电工仪表。本项目中我们的任务是学习这些工具和仪表的使用方法，并进行如下工作：

❶ 使用钢丝钳、螺丝刀等电工工具进行电工作业。

❷ 使用万用表等电工仪表进行电工参数的测量。

❸ 使用工具进行常用导线绝缘层的剖削。

必备知识

一、电工常用基本工具

1. 验电器

验电器是检验导线和电气设备是否带电的一种常用的检测工具，分为低压验电器和高压验电器两种类型。

1）低压验电器

低压验电器主要用于检查导体或各种用电设备的外壳是否带电，测量范围60 ~ 500 V。使用低压验电器时要注意其适用的电压范围，一定不能超压使用，否则会造成人身伤害。

低压验电器由笔尖金属体、降压电阻、氖管、笔身、笔尾金属体、弹簧和小窗等部分组成，如图 1-1 所示。

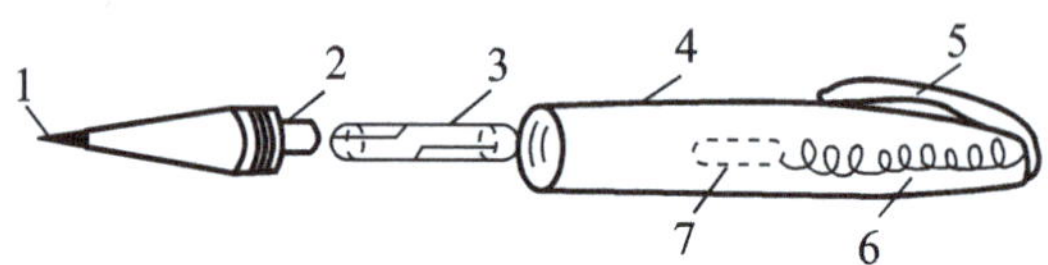

图 1-1　低压验电器

1—笔尖金属体；2—降压电阻；3—氖管；4—笔身；5—笔尾金属体；6—弹簧；7—小窗

温馨提示

笔尖金属体必须接触被测物体，手指必须接触笔尾金属体或低压验电器顶部的金属螺钉。绝不能用手触及低压验电器前端的金属体，否则会造成人身触电事故。

使用低压验电器时，必须按照图 1–2 所示的握法进行操作。

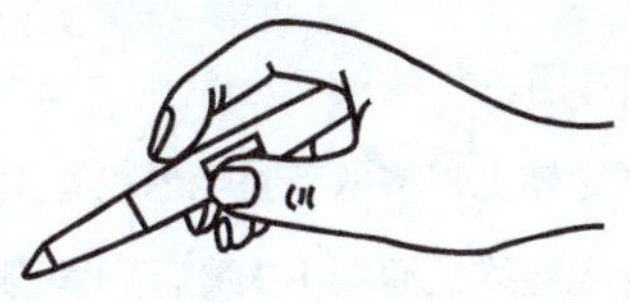

（a）正确的钢笔式握法

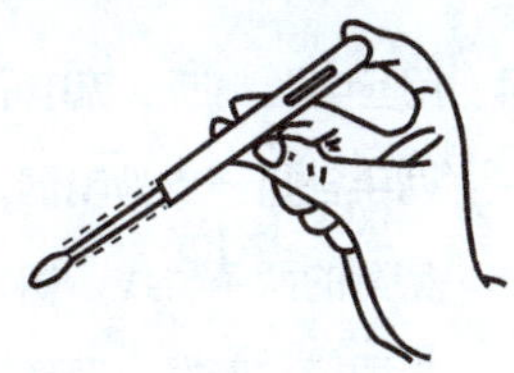

（b）正确的螺丝刀式握法

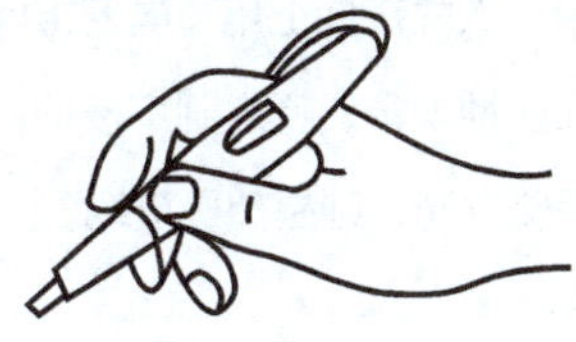

（c）错误的钢笔式握法

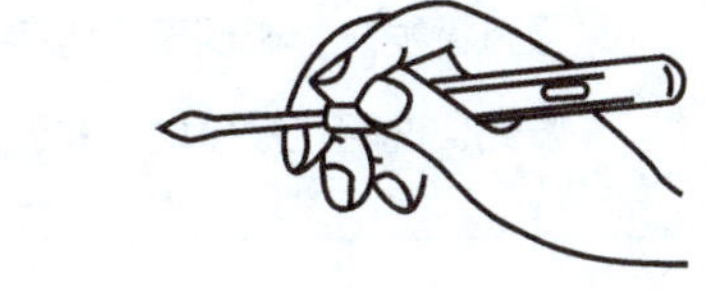

（d）错误的螺丝刀式握法

图 1–2　低压验电器的握法

低压验电器的工作原理：当低压验电器接触带电体时，带电体、低压验电器、人体、大地构成通路，只要带电体与大地之间的电势差超过一定数值（例如 50 V），低压验电器之中的氖管就会发光。

低压验电器不电人的原因是它有很高的内阻，当带电体经低压验电器—人体—大地形成回路时，电流小于 1 mA，虽然氖管已经发光，但人体没有触电感觉。

常用的低压验电器有氖管式验电器和数字式验电器两种。

（1）氖管式验电器在使用时应注意如下事项：

① 使用前应在确认有电的设备上进行试验，确认验电器良好后方可进行验电。

② 在强光下验电时，应对验电器采取相应的遮挡措施，以防发生误判断。

操作练习

操作 1：用验电器区分 AC 220 V（220 V 交流电）电源的相线。

方　法：使氖管发光的线是相线，否则为地线或中性线。

操作 2：用验电器区分交流电和直流电。

方　法：使氖管式验电器的氖管两极发光的是交流电，一极发光的是直流电。靠近手那一侧发光，说明带正电；靠近笔尖侧发光，说明带负电。

操作 3：用验电器判断电压的高低。

方　法：如果氖管发光为黄红色，则电压较高；如果氖管发光为暗红色，则电压较低。

操作 4：用验电器判断交流电的同相和异相。

方　法：两手各持一支验电器，站在绝缘体上，将两支验电器的笔尖同时触及待测的两条导线，如果两支验电器的氖泡均不太亮，则表明两条导线是同相；若发出很亮的光，说明是异相。

操作 5：用验电器判断直流电是否接地。

方　法：在要求对地绝缘的直流装置中，人站在地上用验电器接触直流电，如果氖管发光，说明直流电存在接地现象；反之则不接地。靠近笔尖侧发光，说明正极接地；靠近手侧发光，则是负极接地。

（2）数字式验电器除了具有氖管式验电器通用的功能外，还有以下特点：

① 当右手指按断点检测按钮，并将左手触及笔尖时，若指示灯发亮，则表示正常工作；若指示灯不亮，则应更换电池。

② 测试交流电时，切勿按下电子感应按钮。将笔尖插入相线孔时，如果指示灯发亮，则表示有交流电。需要电压显示时，则按下检测按钮，最后显示的数字为所测电压值；未到高段显示值的 75% 时，显示低段值。

2）高压验电器

高压验电器又称高压测电器。发光型高压验电器由握柄、护环、紧固螺钉、氖管窗、金属探针和氖管组成。图 1-3 所示为发光型 10 kV 高压验电器。

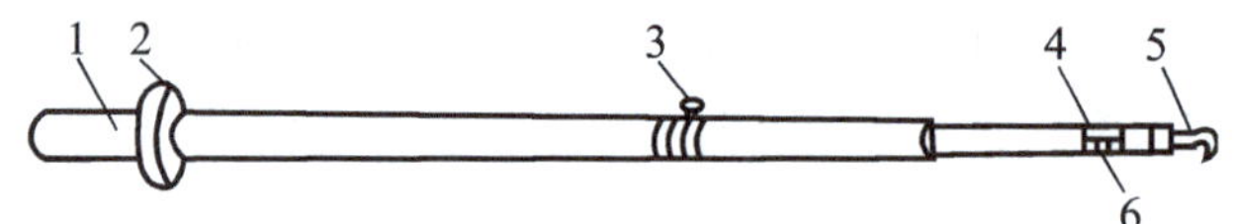

图 1-3　发光型 10 kV 高压验电器

1—握柄；2—护环；3—紧固螺钉；4—氖管窗；5—金属探针；6—氖管

温馨提示

❶ 使用高压验电器进行测试时，必须戴上符合要求的绝缘手套。

❷ 不可一个人单独测试，身旁必须有人监护；测试时，要防止发生相间或对地短路事故。

❸ 人体与带电体应保持足够的安全距离，10 kV 高压的安全距离为 0.7 m 以上。

❹ 在室外环境使用高压验电器时，必须在天气良好的情况下才能使用。不宜在雨、雪、雾及湿度较大的天气或环境中使用，以防发生危险。

在使用高压验电器时，应特别注意手握部位不得超过护环，如图 1–4 所示。

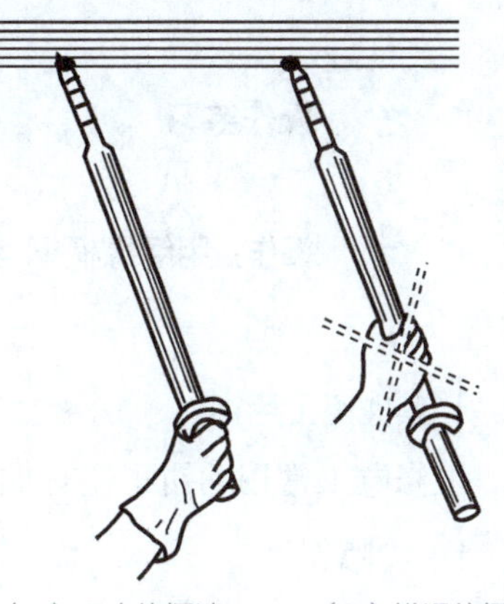

（a）正确的握法 （b）错误的握法

图 1–4 高压验电器的握法

2. 钢丝钳

钢丝钳有铁柄和绝缘柄两种类型。绝缘柄钢丝钳是维修电工必备工具。绝缘柄钢丝钳上装有绝缘护套，工频耐压为 500 V。常用钢丝钳规格长度有三种，分别为 160 mm、110 mm 和 200 mm，它的主要用途是剪切导线和钢丝等较硬金属，其结构如图 1–5（a）所示。

钢丝钳在电工作业中的用途十分广泛。其中，钳口可用来弯绞或钳夹导线线头，齿口可用来紧固或起松螺母，刀口可用来剪切导线或钳削导线绝缘层，铡口可用来铡切导线线芯、钢丝等较硬线材。钢丝钳的各种使用方法如图 1–5（b）～（e）所示。

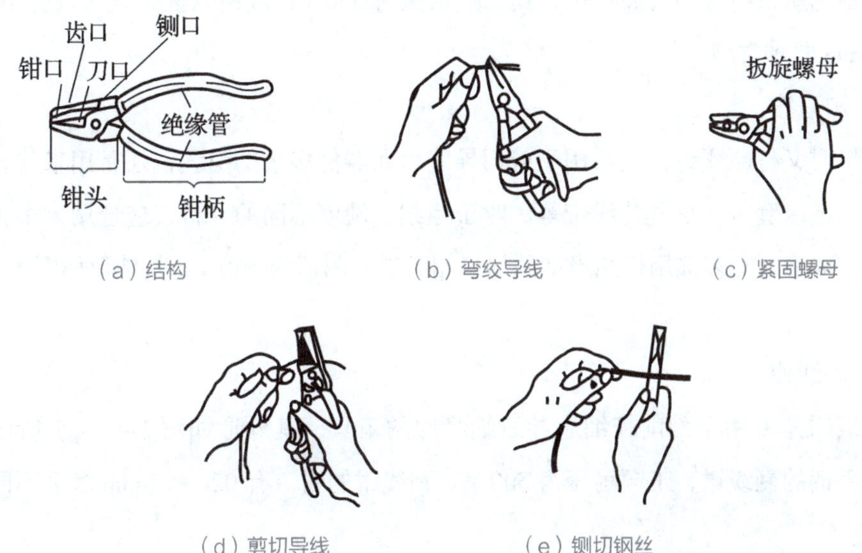

（a）结构 （b）弯绞导线 （c）紧固螺母

（d）剪切导线 （e）铡切钢丝

图 1–5 钢丝钳的结构和用法

温馨提示

❶ 使用前，应检查钢丝钳绝缘是否良好，以免带电作业时造成触电事故。

❷ 在带电剪切导线时，不得用刀口同时剪切不同电位的两根线（例如相线与零线、相线与相线等），以免发生短路。

操作练习

操作：用绝缘柄钢丝钳进行导线的弯绞、剪切操作。

3. 其他电工用钳

维修电工常用的钳子还有如下三种：

1）尖嘴钳

尖嘴钳因其头部尖细，适合在狭小的工作空间操作，如图 1–6（a）所示。

尖嘴钳可用来剪断较细小的导线，可用来夹持较小的螺钉、螺帽、垫圈、导线等，也可用来对单股导线整形（例如使单股导线平直、弯曲等）。若使用尖嘴钳带电作业，应检查其绝缘是否良好，并在作业时注意金属部分不要触及人体或邻近的带电体。维修电工多选用带绝缘柄的尖嘴钳，其工频耐压为 500 V，规格以全长表示，有 140 mm 和 110 mm 两种类型。

2）斜口钳

斜口钳又称断线钳，主要用于剪切导线、元器件多余的引线，还常用来代替一般剪刀剪切绝缘套管、尼龙扎线带等。对于粗细、硬度不同的材料，应选用大小合适的斜口钳。维修电工多选用带绝缘柄的斜口钳，工频耐压为 500 V，其外形如图 1–6（b）所示。

3）剥线钳

剥线钳是专用于剖削较细小导线绝缘层的工具，其外形如图 1–6（c）所示。带有绝缘手柄的剥线钳，工频耐压为 500 V。剥线钳的钳口有 0.5 ～ 3 mm 多个不同孔径的刃口。

使用剥线钳剖削导线绝缘层时，先将要剖削的绝缘长度用标尺定好，然后将导线放入相应的刃口中（比导线直径稍大），再用手将钳柄握紧，导线的绝缘层即被剥离。

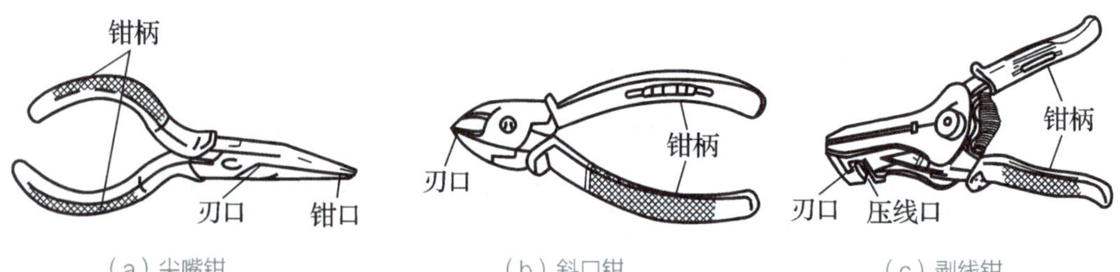

（a）尖嘴钳　（b）斜口钳　（c）剥线钳

图 1–6　其他电工用钳

4. 电工刀

电工刀是电工常用的一种切削工具，其外形如图 1–7 所示。

图 1–7　电工刀

用电工刀剖削电线绝缘层时，可把刀体略翘起，用刀刃的圆角抵住线芯。切忌把刀刃垂直对着导线切割绝缘层，因为这样容易割伤电线线芯。

在接头连接之前，应把导线上的绝缘层剥除。常用的剖削方法有级段法剖削和斜削法剖削。电工刀的刀刃部分要磨得锋利一些，以便于剖削电线绝缘层，但不可太锋利，太锋利容易削伤线芯。

温馨提示

❶ 电工刀不得用于带电作业，以免触电。

❷ 应将刀口朝外剖削，并注意避免伤及手指。

❸ 剖削导线绝缘层时，应使刀面与导线成较小的锐角，以免割伤导线。

❹ 塑料软线绝缘层不可使用电工刀剥离，要用剥线钳或钢丝钳剥离。

❺ 使用完毕，应随即将刀身折进刀柄。

5. 螺钉旋具

螺钉旋具又称螺丝刀、起子等。维修电工通常使用的螺钉旋具包括一字形、十字形、穿心形三种类型，如图 1–8 所示。

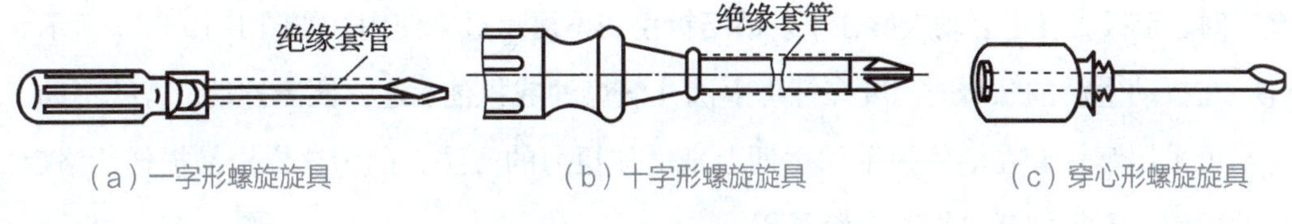

（a）一字形螺旋旋具　（b）十字形螺旋旋具　（c）穿心形螺旋旋具

图 1–8　常见的螺钉旋具

使用一字形或十字形螺钉旋具时，用力要平稳，压、拧两个动作要同时进行。螺旋旋具的使用方法如图 1–9 所示。

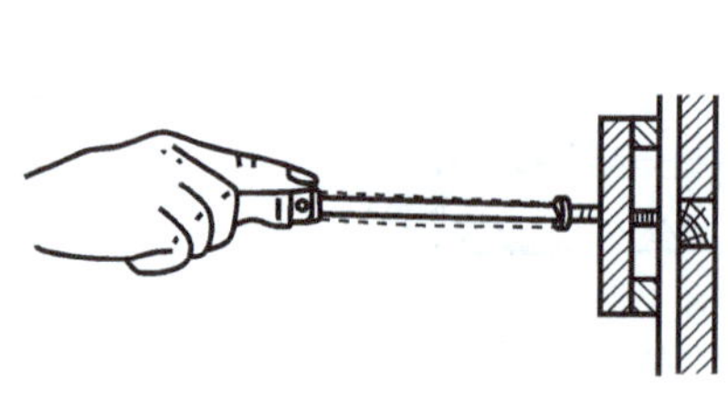

（a）大螺钉旋具的使用

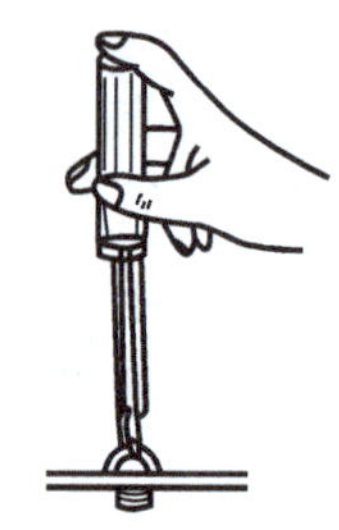

（b）小螺钉旋具的使用

图 1-9　螺旋旋具的使用方法

使用螺钉旋具时要注意如下事项：

（1）电工不可使用金属杆直通手柄顶端的螺旋工具。

（2）带电操作时，手不可触碰螺旋工具的金属杆。

（3）最好在金属杆上套上绝缘杆。

6. 扳手

扳手是利用杠杆原理拧转螺栓、螺钉和螺母的手工工具。一般有活络扳手和其他常用扳手两种类型。

1）活络扳手

活络扳手又称活扳手，是一种旋紧或拧松六角螺栓或螺母的工具。电工常用的活络扳手有 200 mm、250 mm 和 300 mm 三种类型，使用时应根据螺母的大小选配。活络扳手的结构如图 1-10（a）所示。

使用活络扳手时，右手握手柄，手越靠向手柄尾端，扳动起来越省力。使用活络扳手扳动小螺母时，因需要不断地转动蜗轮，调节扳口的大小，所以手应握在靠近定扳唇处，并用大拇指调制蜗轮，以适应螺母的大小，如图 1-10（b）所示。

图 1-10（c）所示为使用活络扳手扳较大螺母时的正确握法。活络扳手的扳口夹持螺母时，定扳唇在上，动扳唇在下。活络扳手切不可反过来使用，如图 1-10（d）所示。

在扳动生锈的螺母时，可在螺母上滴几滴煤油或机油，这样便于拧动。若拧不动，切不可采用钢管套在活络扳手的手柄上来增加扭力的方法，因为这样极易损伤活络扳手的扳唇。不得把活络扳手当锤子用。

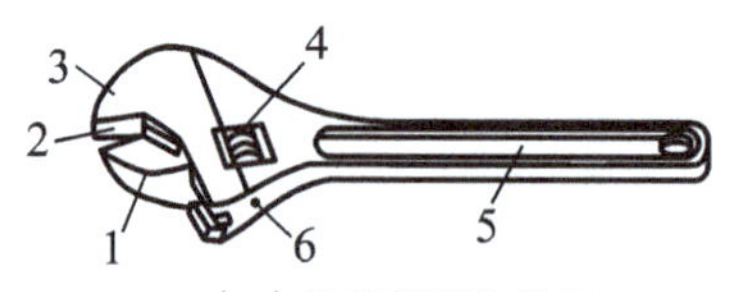

（a）活络扳手的结构

（b）扳较小螺母时握法

图 1-10　活络扳手

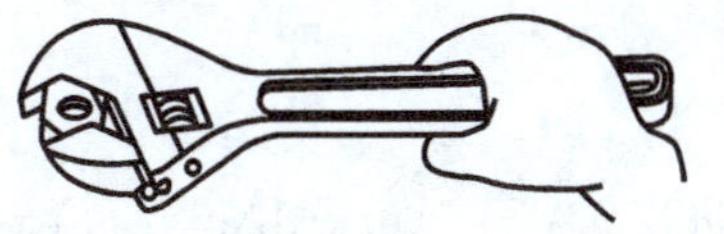

（c）扳较大螺母时握法

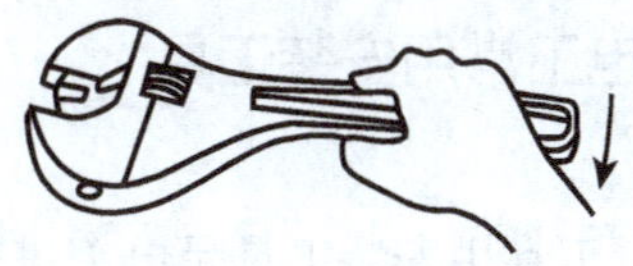

（d）错误握法

图 1–10　活络扳手（续）

1—动扳唇；2—扳口；3—定扳唇；4—蜗轮；5—手柄；6—轴销

2）其他常用扳手

（1）呆扳手，又称开口扳手，其一端或两端制有固定尺寸的开口，用以拧转一定尺寸的螺母或螺栓，如图 1–11（a）所示。

（2）梅花扳手，两端具有带六角孔或十二角孔的工作端，适用于工作空间狭小、不能使用普通扳手的场合，如图 1–11（b）所示。

（3）两用扳手，一端与呆扳手相同，另一端与梅花扳手相同，两端拧转相同规格的螺栓或螺母，如图 1–11（c）所示。

（4）钩形扳手，又称月牙形扳手，用于拧转厚度受限制的扁螺母等，如图 1–11（d）所示。

（5）套筒扳手，是由多个带六角孔或十二角孔的套筒组成，并配有手柄、接杆等多种附件，特别适合拧转空间十分狭小或在凹陷很深处的螺栓或螺母，如图 1–11（e）所示。

（6）内六角扳手，成 L 形的六角棒状扳手，专用于拧转内六角螺钉，如图 1–11（f）所示。内六角扳手的型号是按照正六边形的对边尺寸来确定的，螺栓的尺寸有相应的国家标准，专供紧固或拆卸机床、车辆、机械设备上的圆螺母使用。

（7）扭力扳手，其用途是在拧转螺栓或螺母时，能显示出所施加的扭矩；或者当施加的扭矩到达规定值后，会发出光或声响信号，如图 1–11（g）所示。扭力扳手适用于对扭矩大小有明确规定的工装结构中。

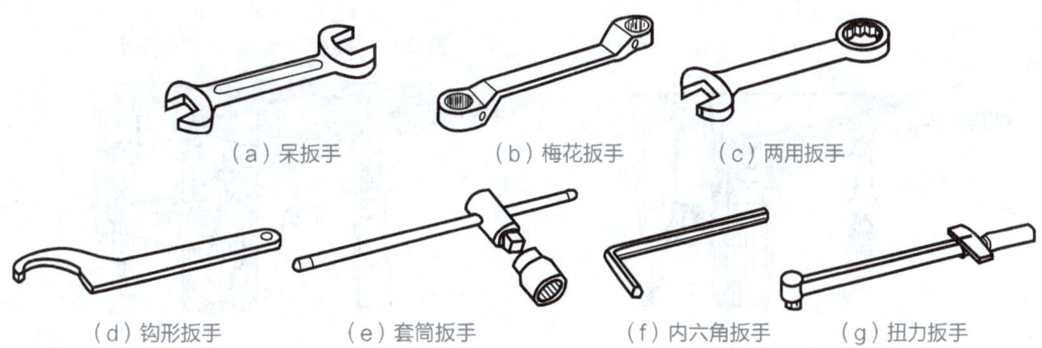

（a）呆扳手　（b）梅花扳手　（c）两用扳手

（d）钩形扳手　（e）套筒扳手　（f）内六角扳手　（g）扭力扳手

图 1–11　其他常用扳手

二、电工常用安装工具

电工常用安装工具是电工进行维修作业的必备工具，包括电钻、冲击钻、电锤、射钉枪等。

1. 电钻

电钻依靠旋转方式工作，适合在软木、金属、砖、瓷砖等材料上钻孔。

2. 冲击钻

冲击钻依靠旋转和冲击方式来工作，可用于在石头或混凝土上钻孔，其外形结构如图 1–12 所示。冲击钻是利用内轴上齿轮的相互跳动来实现冲击效果。它也可以钻钢筋混凝土，但是效果不如电锤。

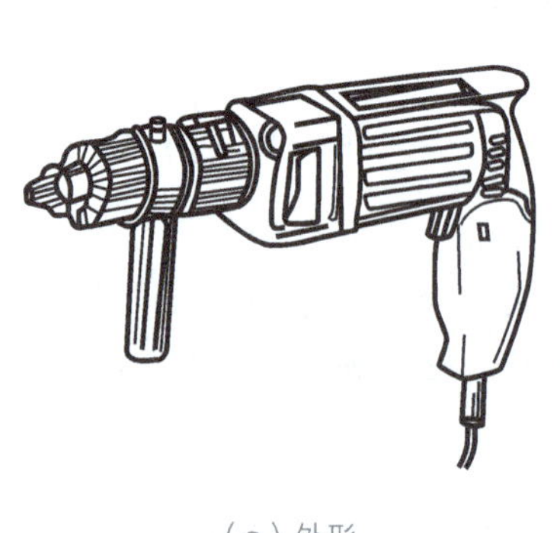

（a）外形

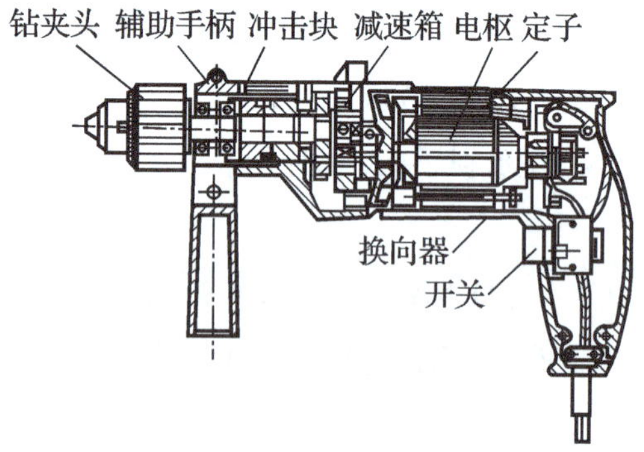

（b）结构

图 1–12 冲击钻

3. 电锤

电锤主要用来在混凝土、楼板、砖墙和石材上钻孔，其外形结构如图 1–13 所示。电锤是由传动装置带动活塞在一个汽缸内往复压缩空气，汽缸内空气压力周期变化带动汽缸中的击锤往复打击石材等的顶部，这个运动过程就像用锤子敲击石材等，故名电锤。

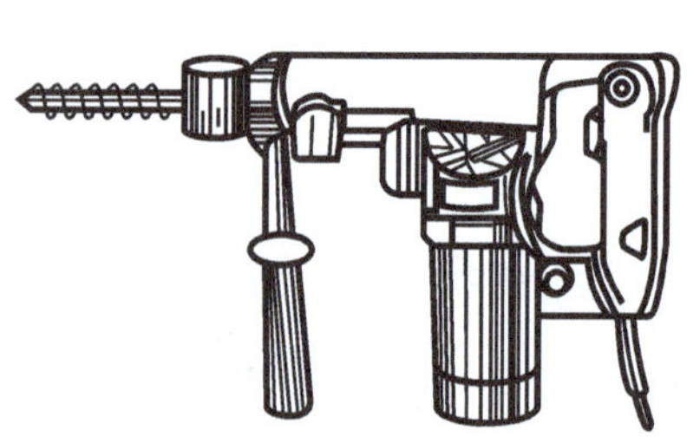

（a）外形

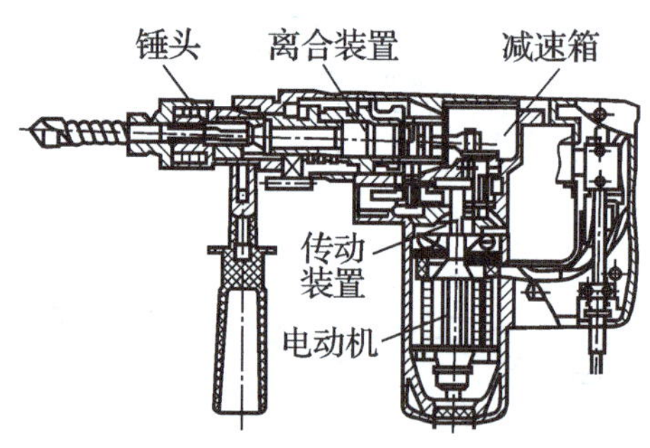

（b）结构

图 1–13 电锤

4. 射钉枪

射钉枪又称射钉器，由于外形和原理都与手枪相似，故常称为射钉枪。它是利用发射空包弹产生的火药燃气作为动力，将射钉打入建筑体的一种工具。发射射钉的空包弹与普通军用空包弹只是在大小上有所区别，对人同样有伤害作用，使用者在使用过程中应注意防护。

在使用射钉枪时，应注意以下七点：

（1）操作人员要经过培训，了解和掌握射钉枪的性能、使用方法和注意事项，并熟悉射钉枪拆卸和组装的工序。

（2）枪管内应保持清洁，不允许有杂质。各部件不允许有松动现象，如果发现部件有磨损、烧毁或损坏等现象，应立即更换。

（3）只有真实操作时才允许将钉、弹装入枪内，严禁将装好钉、弹的枪口对准他人。

（4）射击的基体必须稳固、坚实，并具有抵抗射击冲击力的刚度。在薄墙、轻质墙体上射钉时，被击中物体的后面不得站人，以防射穿墙后伤人。

（5）发现射钉枪的操作不灵活的，必须及时取出钉、弹，排除故障，切不可轻易解除保险。

（6）射钉枪每天用完后，必须将其用煤油浸泡，然后擦拭上油后存放起来，以防止锈蚀。射击超过 100 发后应清洗。

（7）射钉枪不可作为玩具玩耍，以防伤人。

三、电工常用焊接工具

1. 电烙铁

电烙铁是用来焊接电气元件的，为方便使用，通常用焊锡丝作为焊剂。焊锡丝内一般都含有助焊的松香。焊锡丝包含约 60% 的锡和 40% 的铅，熔点较低。电烙铁分为内热式和外热式两种。

1）内热式电烙铁

内热式的电烙铁体积较小，而且价格便宜。一般电子制作都用 20 ~ 30 W 的内热式电烙铁。内热式的电烙铁发热效率较高，而且更换烙铁头也较方便，其外形和结构如图 1–14 所示。

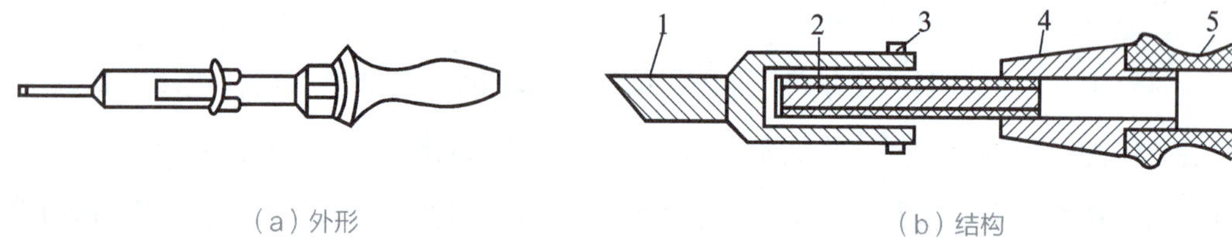

（a）外形　　（b）结构

图 1–14　内热式电烙铁的外形及结构

1—铜头；2—烙铁芯；3—弹簧类；4—连接杆；5—手柄

2）外热式电烙铁

外热式中的“外热”是指在外面发热，因发热电阻在电烙铁的外面而得名。它既适合于焊接大型的元器件，也适用于焊接小型的元器件。由于发热电阻丝在烙铁头的外面，有大部分的热散发到外部空间，所以外热式电烙铁的加热效率低，加热速度较缓慢，一般要预热 6 ~ 7 分钟才能焊接。其体积较大，焊小型元器件时显得不方便。但它有烙铁头使用的时间较长、功率较大的优点，有 25 W、30 W、50 W、75 W、100 W、150 W 和 300 W 等多种规格。大功率的电烙铁通常是外热式的。外热式电烙铁的结构如图 1–15 所示。

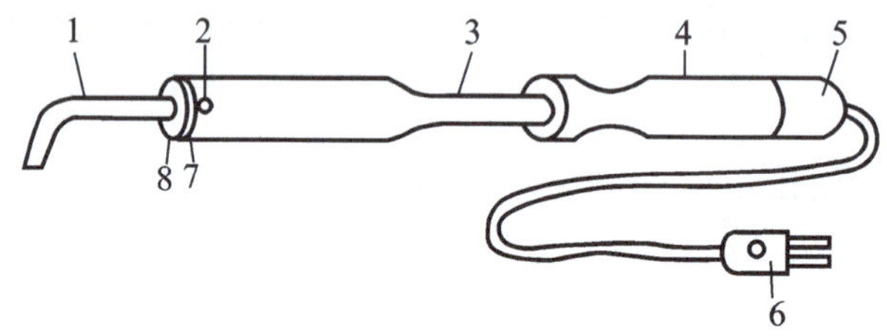

图 1–15　外热式电烙铁的结构

1—烙铁头；2—烙铁头固定螺钉；3—外壳；4—木柄；5—后盖；6—插头；7—接缝；8—烙铁芯

焊接前，一般要把烙铁头的氧化层除去，并用焊剂进行上锡处理，使得烙铁头的前端经常保持一层薄锡，以防止氧化，减少能耗，使其导热良好。

电烙铁的握法没有统一的要求，以不易疲劳、操作方便为原则，一般有笔握法和拳握法两种，如图 1–16（a）、（b）所示。

用电烙铁焊接导线时，必须使用焊料和焊剂。焊料一般为丝状焊锡或纯锡，常见的焊剂有松香、焊膏等。常用的送锡法如图 1–16（c）、（d）所示。

对焊接的基本要求是焊点必须牢固，锡液必须充分渗透，焊点表面光滑有光泽，应防止发生“虚焊”、“夹生焊”等现象。产生“虚焊”的原因是焊件表面未清除干净或焊剂太少，使得焊锡不能充分流动，造成焊件表面挂锡太少，焊件之间未能充分固定；造成“夹生焊”的原因是烙铁温度低或焊接时烙铁停留时间太短，焊锡未能充分熔化。

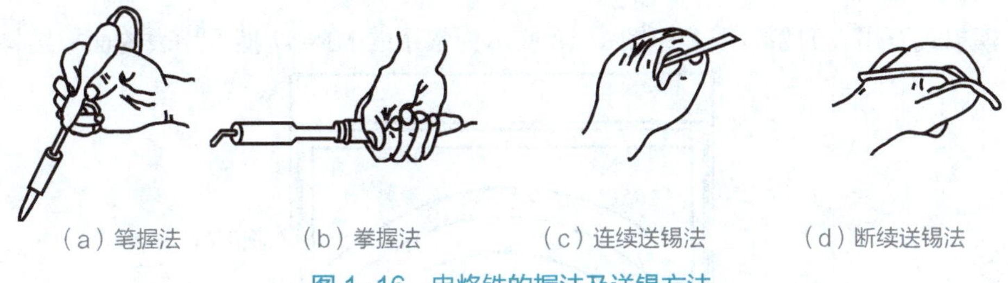
（a）笔握法　（b）拳握法　（c）连续送锡法　（d）断续送锡法

图 1-16　电烙铁的握法及送锡方法

温馨提示

❶ 使用电烙铁前应检查电源线是否良好，有无破损。
❷ 焊接电子类元器件（特别是集成块）时，应采用防漏电等安全措施。
❸ 当烙铁头因氧化而不“吃锡”时，不可硬烧。
❹ 当烙铁头上锡较多不便焊接时，不可甩锡、敲击。
❺ 焊接较小电气元件时，时间不宜过长，以免因过热而损坏元件或绝缘。
❻ 焊接完毕，应拔去电源插头，将电烙铁置于金属支架上，防止烫伤或火灾的发生。

2. 喷灯

喷灯是利用汽油或煤油做燃料的一种工具，因喷出的火焰具有很高的温度，常用于加热烙铁或进行烘烤等操作。

喷灯的常用制作材料为黄铜，其喷出的火焰温度可达 100℃ ~ 1 000℃。使用方法是先在预热盆中倒入酒精，点燃后，灯座内的酒精气化并由灯管排出被点燃，灯管上有升降开关以调节空气和酒精量。酒精在燃烧时发出喷气声，火焰颜色呈微弱的淡蓝色。常见的喷灯结构如图 1-17 所示。

（a）　（b）　（c）

图 1-17　常见的喷灯结构

四、常用电工仪表

1. 模拟式万用表

模拟式万用表的型号繁多，图 1-18 所示为常用的 MF-47 型万用表的面板结构。

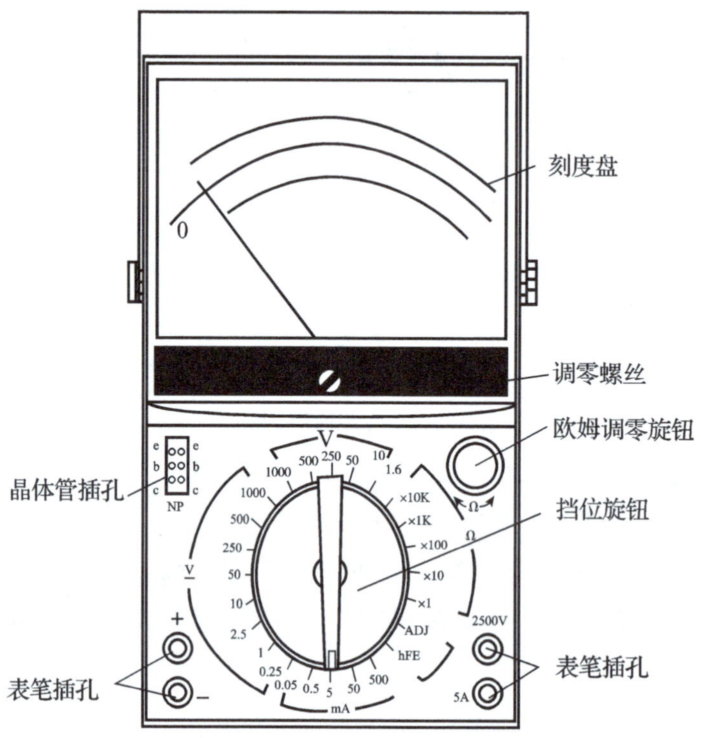

图 1-18 MF-47 型万用表的面板结构

1）使用前的检查与调整

在使用万用表进行测量前，应进行下列检查、调整：

（1）外观应完好无被损，当轻轻摇晃时，指针应摆动自如。

（2）旋动转换开关，应切换灵活无卡阻，挡位应准确。

（3）机械调零。水平放置万用表，转动表盘指针下面的机械调零螺丝，使指针对准标度尺左边的 0 位线。

（4）电调零。测量电阻前应进行电调零（每换挡一次，都应重新进行电调零）。方法是将挡位旋钮置于欧姆挡的适当位置，两支表笔短接，旋动欧姆调零旋钮，使指针对准欧姆标度尺右边的 0 位线。如果指针始终不能指向 0 位线，则应更换电池。

（5）检查表笔插接是否正确。黑表笔应接“-”极或“＊”插孔，红表笔应接“+”极。

（6）检查测量机构是否有效，即应用欧姆挡，短时碰触两表笔，指针应偏转灵敏。

2）直流电阻的测量

（1）首先应断开被测电路的电源及连接导线。若带电测量，将会损坏仪表；若在路测量，将影响测量结果。

（2）合理选择量程挡位，以指针居中或偏右为最佳。测量半导体器件时，不应选用 R×1 挡和 R×10K 挡。

（3）测量时，表笔与被测电路应接触良好；双手不得同时触至表笔的金属部分，以防将人体电阻并入被测电路造成误差。

（4）正确读数并计算出实测值。

（5）切不可用欧姆挡直接测量微安表头、检流计、电池内阻。

3）电压的测量

（1）测量电压时，表笔应与被测电路并联。

（2）测量直流电压时，应注意极性的选择。若无法区分正、负极，则先将量程选在较高挡位，用表笔轻触电路，若指针反偏，则需要调换表笔。

（3）合理选择量程。若被测电压无法估计，先应选择最大量程，视指针偏摆情况再做出调整。

（4）测量时应与带电体保持安全间距，手不得触及表笔的金属部分。测量高电压时（500 ~ 2500 V），应戴绝缘手套且站在干燥绝缘垫上使用高压测试笔进行。

4）电流的测量

（1）测量电流时，应与被测电路串联，不可并联。

（2）测量直流电流时，应注意极性的选择。

（3）合理选择量程。

（4）测量较大电流时，应先断开电源，然后再撤表笔。

5）注意事项

（1）测量过程中不得换挡。

（2）读数时，应三点（眼睛、指针、指针在刻度中的影子）成一线。

（3）根据被测对象，正确读取标度尺上的数据。

（4）测量完毕，应将挡位旋钮置空挡、OFF 挡或电压最高挡。万用表若长时间不用，应取出内部电池。

2. 数字万用表

数字万用表具有测量精度高、显示直观、功能全、可靠性好、小巧轻便以及便于操作等优点。

1）面板结构与功能

图 1–19 所示为 DT–830 型数字万用表的面板，包括 LCD 显示器、电源开关、量程选择开关、输入插孔等。

LCD 显示器最大显示值为 ±1 999，且具有自动显示极性功能。若被测电压或电流的极性为负，则显示值前将带“–”号。若输入超量程时，显示屏左端出现“1”或“–1”的提示字样。

电源开关（POWER）可根据需要，分别置于 ON（开）或 OFF（关）状态。测量完毕，应将其置于 OFF 位置，以免空耗电池。数字万用表的电池盒位于后盖的下方，采用 9 V 叠层电池。电池盒内还装有熔丝管，起过载保护作用。旋转式量程选择开关位于面板中央，用以选择测试功能和量程。若用表内蜂鸣器作通断检查时，量程开关应停放在标有“·)))”符号的位置。

h_{FE} 插口用于测量三极管的 h_{FE} 值时，将其 B、C、E 极对应插入。

输入插口是万用表通过表笔与被测量元件连接的部位，设有 COM、V · Ω、mA、10 A 四个插口。使用时，黑表笔应置于 COM 插孔，红表笔依被测种类和大小置于 V · Ω、mA 或 10 A 插孔。在 COM 插孔与其他三个插孔之间分别标有最大（MAX）测量值，例如 10 A、200 mA、AC 750 V、DC 1 000 V。

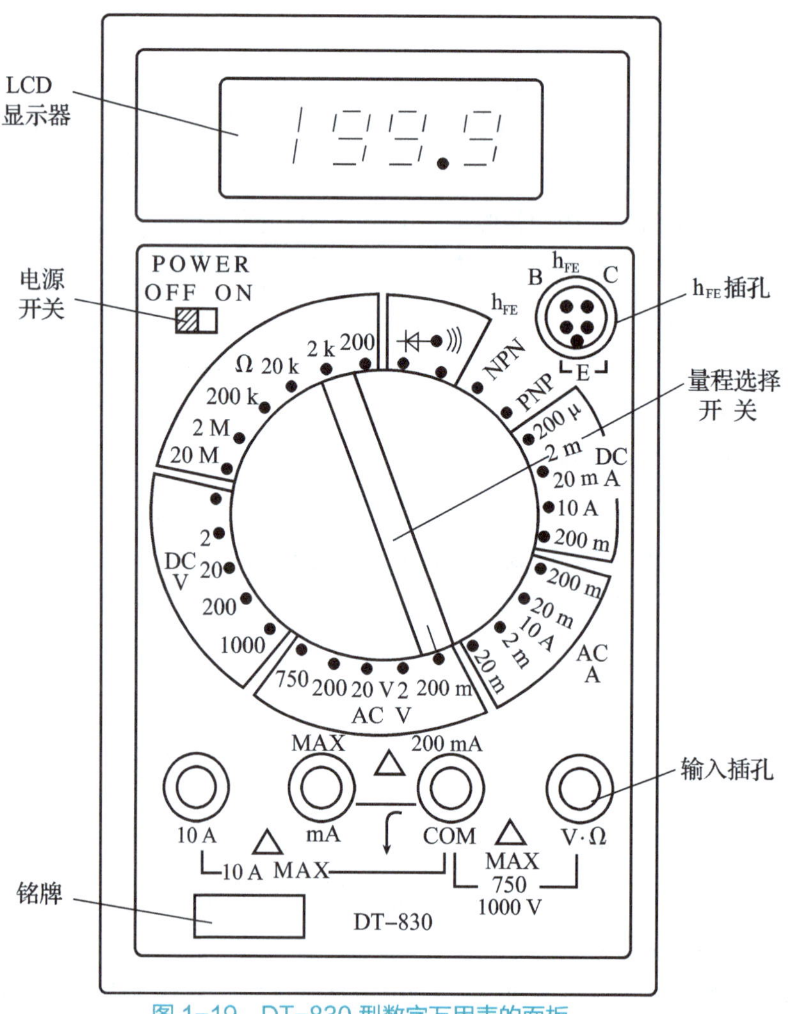

图 1–19 DT–830 型数字万用表的面板

2）使用方法

测量交、直流电压（AC V、DC V）时，红、黑表笔分别接 V · Ω 与 COM 插孔，旋动量程选择开关至合适位置（200 mV、2 V、20 V、200 V、700 V 或 1 000 V），红、黑表笔并接于被测电路（若是直流电压，注意红表笔接高电位端，否则显示屏左端将显示“–”），此时显示屏显示出被测电压数值。若显示屏只显示最高位“1”，表示溢出，应将量程调高。

测量交、直流电流（AC A、DC A）时，红、黑表笔分别接 mA（大于 200 mA 时应接 10 A）与 COM 插孔，旋动量程选择开关至合适位置（2 mA、20 mA、200 mA 或 10 A），将两表笔串接于被测电路（直流电时，注意极性选择），显示屏所显示的数值即为被测电流的大小。

测量电阻时，无需调零。将红、黑表笔分别插入 V · Ω 与 COM 插孔，旋动量程选择开关至合适位置（200、2 K、200 K、2 M 或 20 M），将两笔表跨接在被测电阻两端（不得带电测量），显示屏所显示数值即为被测电阻的数值。当使用 200 MΩ 量程进行测量时，先将两表笔短路。若示数不为零，仍属正常，此读数是一个固定的偏移值，实际数值应为显示数值减去该偏移值。

进行二极管和电路通断测试时，红、黑表笔分别插入 V · Ω 与 COM 插孔，旋动量程选择开关至二极管测试位置。正向情况下，显示屏即显示出二极管的正向导通电压，单位为 mV（锗管应在 200 ~ 300 mV 之间，硅管应在 500 ~ 800 mV 之间）；反向情况下，显示屏应显示“1”（有些型号的万用表显示为“OL”），表明二极管不导通，否则表明此二极管反向漏电流大。正向状态下，若显示“000”，则表明二极管短路；若显示“1”，则表明断路。在用于测量电路或器件的通断状态时，若检测的阻值小于 30 Ω，则表内发出蜂鸣声，以表示电路或器件处于导通状态。

进行晶体管测量时，旋动量程选择开关至 h_{FE} 位置（或 NPN 或 PNP），依 NPN 型或 PNP 型将被测三极管的 B、C、E 极插入相应的插孔中，显示屏所显示的数值即为被测三极管的 h_{FE} 参数。

进行电容测量时，将被测电容插入电容插座，旋动量程选择开关至相应位置，显示屏所示数值即为被测电荷的电荷量。

3）注意事项

（1）当显示屏出现“LOBAT”或“←”时，表明电池电压不足，应予更换。

（2）若测量电流时没有读数，应检查熔丝是否熔断。

（3）测量完毕，应关上电源；若长期不使用，应将电池取出。

（4）不宜在日光及高温、高湿环境下使用与存放（工作温度为 0℃ ~ 40℃，湿度为 80% 以下）。使用时应轻拿轻放。

3. 钳形电流表

钳形电流表简称钳形表。它是一种不需断开电路就可直接测电路交流电流的携带式仪表，在电气检修中使用非常方便，应用十分广泛，其结构如图 1-20 所示。

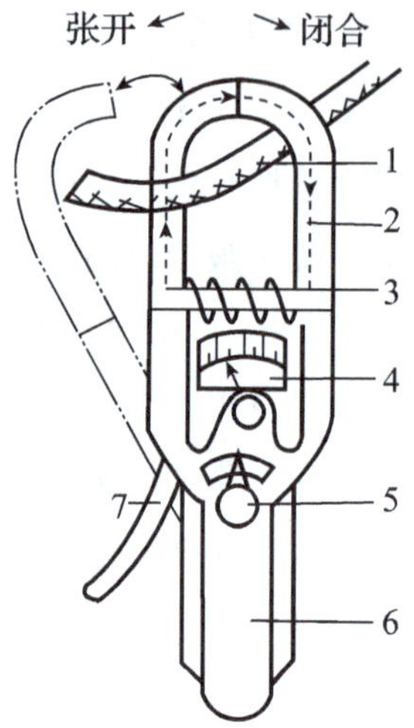

图 1-20 钳形电流表结构

1—载流导线；2—铁心；3—二次绕组；4—表头；5—量程转换开关；6—胶木手柄；7—扳手

钳形表的最基本应用是测量交流电流，虽然准确度较低（通常为 2.5 级或 5 级），但因在测量时无需切断电路，使用仍很广泛。如果需进行直流电流的测量，则应选用交直流两用钳形表。

使用钳形表测量前，应先估计被测电流的大小，以合理选择量程。

使用时，将量程转换开关转到合适位置，手持胶木手柄，用食指勾紧铁心开关，便于打开铁心。将被测导线从铁心缺口引入到铁心中央，然后放松食指，铁心即自动闭合。被测导线的电流在铁心中产生交变磁通，表内感应出电流，即可直接读数。

温馨提示

❶ 使用前应检查外观是否良好，绝缘有无破损，手柄是否清洁、干燥。

❷ 测量时应戴绝缘手套或干净的线手套，并注意保持安全间距。

❸ 测量过程中不得切换挡位。

❹ 被测电路的电压不能超过钳形表所规定的使用电压。

❺ 每次测量只能钳入一根导线。

❻ 若无必要，一般不测量裸导线的电流。

❼ 测量完毕应将量程转换开关置于最大挡位，以防下次使用时因疏忽大意而造成仪表的意外损坏。

❽ 被测载流导线应放在钳口内的中心位置，以减小误差。

❾ 钳口的结合面应保持接触良好，若有明显噪声或表针振动厉害，可将钳口重新开合几次或转动手柄。

❿ 在测量较大电流后，为减小剩磁对测量结果的影响，应立即测量较小电流，并把钳口开合数次；测量较小电流时，为使测量值更准确，在条件允许的情况下，可将被测导线多绕几圈后再放进钳口进行测量（此时的实际电流值应为仪表的读数除以导线的圈数）。

⓫ 在较小空间（例如配电箱等）内测量时，要防止因钳口的张开而引起相间短路。

4. 绝缘电阻表

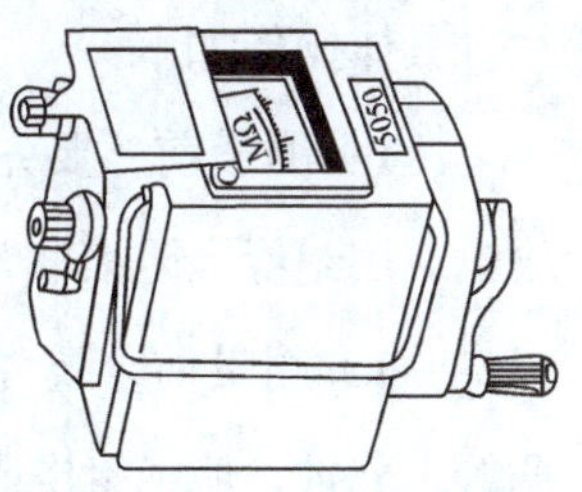
图 1-21 绝缘电阻表外形

绝缘电阻表俗称绝缘电阻表、摇表，如图 1-21 所示。它的刻度是以兆欧（MΩ）为单位的。主要用来检查电气设备、家用电器或电气电路对地及相间的绝缘电阻，以保证这些设备、电器和电路工作在正常状态，避免发生触电伤亡及设备损坏等事故。

绝缘电阻表的选用主要考虑如下两个方面：

1）电压等级的选择

测量额定电压在 500 V 以下的设备或电路的绝缘电阻时，可选用 500 V 或 1 000 V 的绝缘电阻表；测量额定电压在 500 V 以上的设备或电路的绝缘电阻时，可选用 1 000 ~ 2 500 V 的绝缘电阻表；测量瓷瓶时，应选用 2 500 ~ 5 000 V 的绝缘电阻表。

2）测量范围的选择

绝缘电阻表测量范围的选择主要考虑两点：一方面，测量低压电气设备的绝缘电阻时可选用 0 ~ 200 MΩ 的绝缘电阻表，测量高压电气设备或电缆时可选用 0 ~ 2 000 MΩ 的绝缘电阻表；另一方面，因为有些绝缘电阻表的起始刻度不是零，而是 1 MΩ 或 2 MΩ，这种仪表不宜用来测量处于潮湿环境中的低压电气设备的绝缘电阻，因其绝缘电阻可能小于 1 MΩ，会造成仪表上无法读数或读数不准确。

绝缘电阻表上有三个接线柱，两个较大的接线柱上分别标有 E（接地）、L（电路），另一个较小的接线柱上标有 G（屏蔽）。其中，L 接被测设备或电路的导体部分，E 接被测设备或电路的外壳或大地，G 接被测对象的屏蔽环（如电缆壳芯之间的绝缘层）或不需测量的部分。绝缘电阻表的常见接线方法如图 1-22 所示。

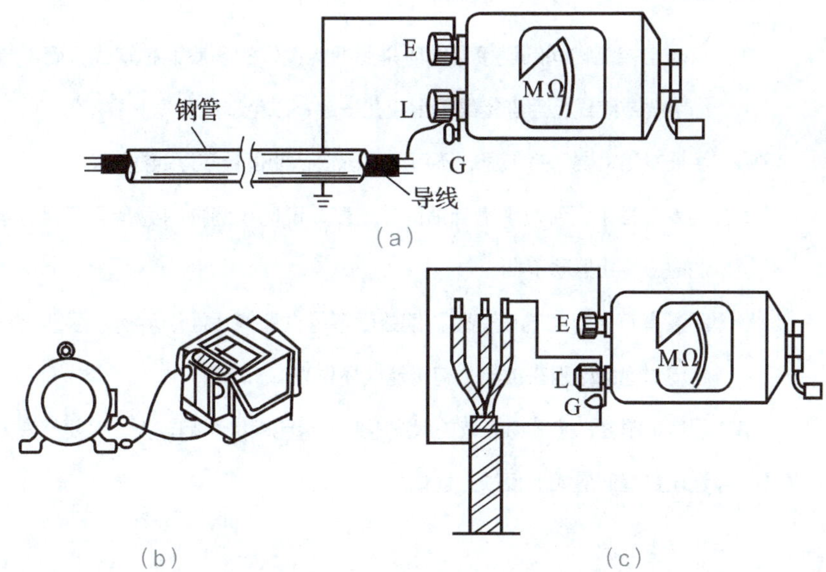

图 1-22 绝缘电阻表的接线方法

具体操作如下：

（1）测量前，要先切断被测设备或电路的电源，并将其导电部分对地进行充分放电。用绝缘电阻表测量过的电气设备，也须进行接地放电，才可再次测量或使用。

（2）测量前，要先检查仪表是否完好。将接线柱 L、E 分开，由慢到快摇动手柄约 1 分钟，使绝缘电阻表内发电机转速稳定（约 120 r/min），指针应指在“∶”处；再将 L、E 短接，缓慢摇动手柄，指针应指在“0”处。

（3）测量时，绝缘电阻表应水平放置平稳。测量过程中，不可用手去触及被测物的测量部分，以防触电。

绝缘电阻表的操作方法如图 1–23 所示。

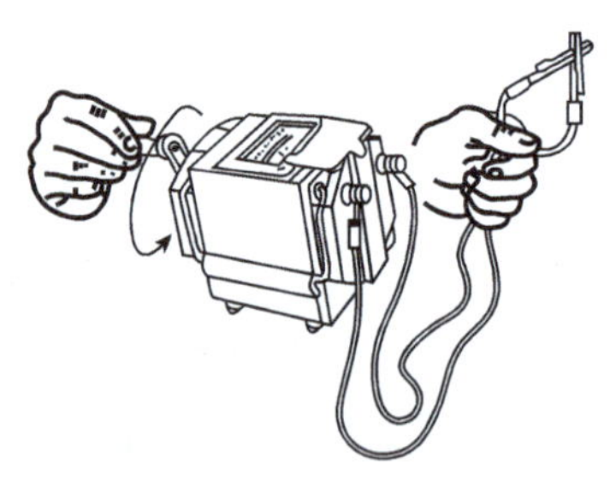

（a）校试绝缘电阻表的操作方法

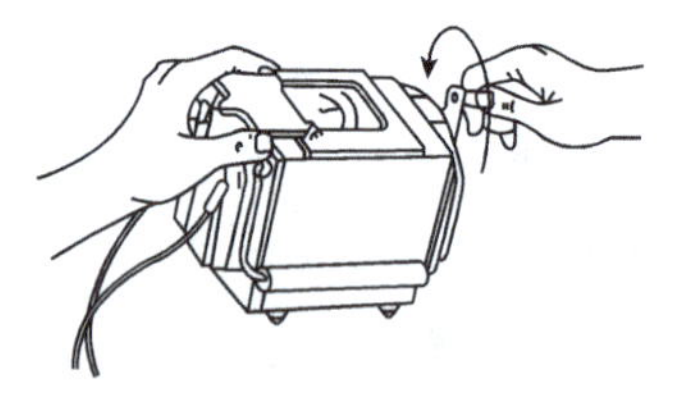

（b）测量时绝缘电阻表的操作方法

图 1–23　绝缘电阻表的操作方法

温馨提示

❶ 仪表与被测物间的连接导线应采用绝缘良好的多股铜芯软线，而不能用双股绝缘线或绞线，且连接线不得绞在一起，以免造成数据测量不准。

❷ 手摇发电机要保持匀速，不可忽快忽慢，使指针不停地摆动。

❸ 测量过程中，若发现指针指向零刻度，说明被测物的绝缘层可能击穿短路，此时应停止摇动手柄。

❹ 测量具有大电容的设备时，读数后不得立即停止摇动手柄，否则已充电的电容将对绝缘电阻表放电，有可能烧坏仪表。

❺ 温度、湿度、被测物的有关状况等对绝缘电阻的影响较大，为便于分析比较，记录数据时应如实反映上述情况。

5. 直流单臂电桥

直流单臂电桥是一种利用比较法进行测量的电学测量仪器。比较法的中心思想是将待测量与标准量进行比较以确定其数值。直流单臂电桥具有测试灵敏度高和使用方便等优点。

1）直流单臂电桥的工作原理

单臂电桥又称惠斯通电桥，当需要精确地测量中值电阻时，往往采用单臂电桥进行测量，其原理如图 1–24 所示。图中 R_x 为被测电阻，G 为检流计，R_1、R_2、R_3 为可调电阻。当满足关系式 $R_1R_3=R_2R_x$ 时，电路达到平衡，此时检流计中通过的电流为零（指针不动）。我们将 R_1、R_2 称为比例臂，R_3 称为比较臂。图 1–25 所示为 QJ23 型直流单臂电桥的面板图。在测量时可根据对被测电阻的粗略估计，选取适当的比较臂的数值乘上比例臂的倍数。

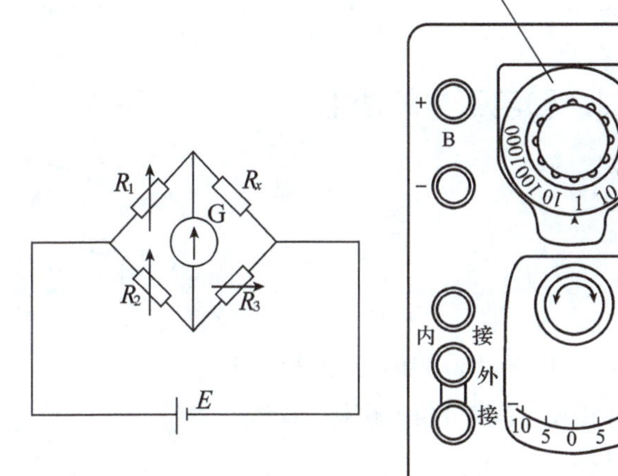

图 1–24　直流单臂电桥原理

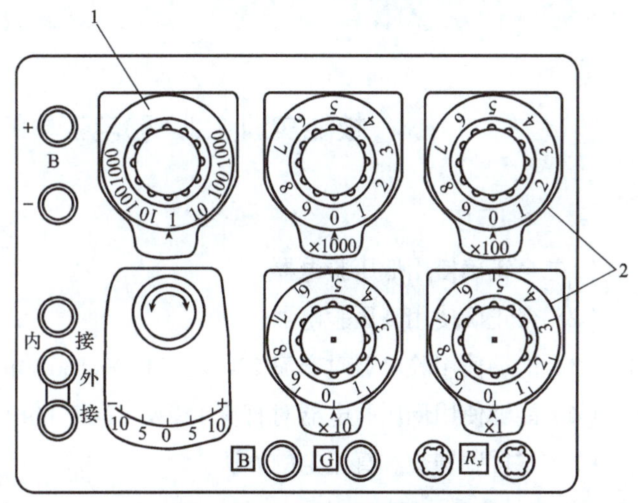

图 1–25　直流单臂电桥面板

1—倍率旋钮；2—比例臂读数盘

2）直流单臂电桥的使用方法

（1）使用前，先把检流计的锁扣打开，并调节调零器把指针调到零位。

（2）估计被测电阻近似值，然后参照说明书上的表格选择适当的比例臂（倍率），使比例臂可调电阻的各挡能够充分利用，以提高测量精度。

（3）接入电阻时，应选择较粗较短的连接导线，并将接头拧紧，尽量提高测量精度。

（4）在测量电感电路的电阻（例如电机、变压器等）时，应先接通电源按钮，再接通检流计按钮。测量结束后，应先断开检流计按钮，再断开电源按钮，以免线圈的自感电动势损坏检流计。

（5）电桥电路接通后，如果检流计指针向“+”的方向偏转，应增加比较臂的电阻；如果指针向“-”的方向偏转，则应减小比较臂的电阻。反复调节比较臂电阻，直到指针指向零位为止。读出刻度盘电阻值，再乘以倍率，即为所测电阻值。

（6）电桥使用完毕，应立即将检流计的锁扣锁上，以免在搬动过程中将悬丝损坏。

（7）电池电压偏低会影响电桥的灵敏度，所以如发现电池电压偏低，应及时调换。当采用外接电源时，必须注意极性选择，且勿使电压超过规定值，否则可能烧坏桥臂电阻。

技能实训

技能实训 1.1　验电工具的使用

一、实训目标

（1）会正确使用低压验电器。

（2）会正确使用高压验电器。

（3）能够使用验电器对交流 220 V、110 V、36 V 的电源进行检测。

（4）能够使用低压验电器对直流 110 V、24 V 的电源进行检测。

（5）掌握判别交、直流电的方法。

二、实训器具及材料

（1）低压验电器 1 个，高压验电器 1 个，绝缘手套 1 双，绝缘靴 1 双。

（2）控制变压器 1 个，直流稳压电源 1 个。

三、实训内容

（1）根据电源电压高低，正确选用验电工具。

（2）用正确的方法握持验电器，使笔尖接触带电体。

（3）根据氖管的亮、暗程度判断相线（火线）和中性线（零线）；根据氖管的亮、暗程度，判断电压的高低；根据氖管的发光位置，判断直流电源的正、负极。需要注意的是，高压验电器的使用应在变电房中进行。

四、注意事项

（1）使用高压验电器进行测试时，必须戴上符合要求的绝缘手套。

（2）不可一个人单独进行测试，其身旁必须有人监护；测试时，要防止发生相间或对地短路事故。

（3）与带电体应保持足够的安全距离，10 kV 高压的安全距离为 0.7 m 以上。

技能实训 1.2 导线绝缘层的剖削

一、实训目标

（1）掌握常用剖削导线绝缘层的方法。

（2）使用钢丝钳或电工刀，针对几种常用导线，采取相应的方法剖削绝缘层。

二、实训器具及材料

（1）工具钢丝钳 1 个，电工刀 1 把，剥线钳 1 个。

（2）导线 BV2.5 mm^2、BV6 mm^2，单股导线 BLV2.5 mm^2，护套线 BLX2.5 mm^2，橡皮绝缘导线，双绞线 R1.0 mm^2。

三、实训内容

（1）对于线芯横截面积不大于 4 mm^2 的塑料硬线绝缘层的剖削，一般采用钢丝钳进行，剖削的方法和步骤如下：

①根据所需线头长度，用钢丝钳刀口切割绝缘层，注意用力适度，不可损伤线芯。

②用左手抓牢电线，右手握住钢丝钳的钳头用力向外拉动，即可剖削下塑料绝缘层，如图 1–26 所示。

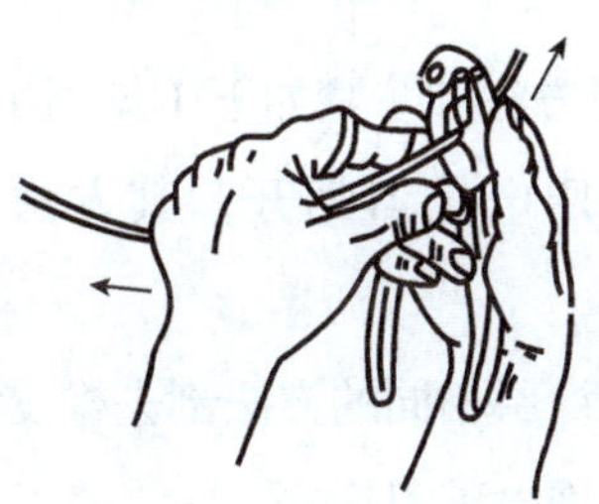

图 1–26 钢丝钳剖削塑料硬线绝缘层

③剖削完成后，应检查线芯是否完整无损，如果损伤较大，应重新剖削。塑料软线绝缘层的剖削，只能用剥线钳或钢丝钳进行，不可用电工刀剖削。

（2）对于线芯横截面大于 4 mm^2 的塑料硬线，可用电工刀来剖削其绝缘层。操作过程如下（见图 1–27）：

①根据所需线头长度，用电工刀以约 45° 角倾斜切入塑料绝缘层，注意用力适度，避免损伤线芯。

②使刀面与线芯保持 25° 角左右，用力向线端推削，在此过程中应避免电工刀切

入线芯，只应削去上面一层塑料绝缘层。

③将塑料绝缘层向后翻起，用电工刀齐根切去。

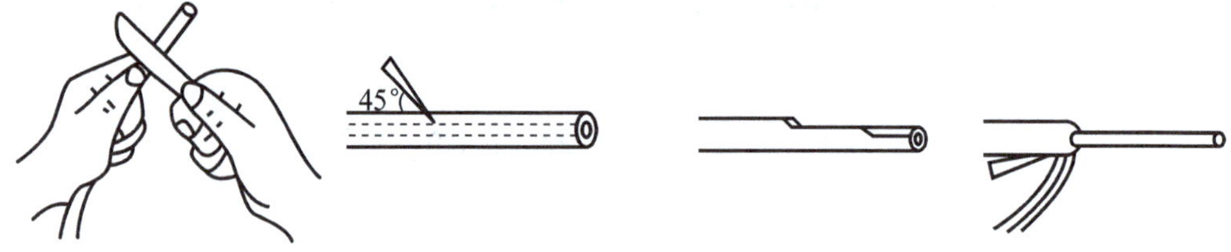

（a）切入手法　（b）电工刀以 45° 角倾斜切入　（c）电工刀以 25° 角推削　（d）翻下塑料绝缘层

图 1–27　电工刀剖削塑料硬线绝缘层

（3）塑料护套线绝缘层的剖削必须用电工刀来完成，剖削方法和步骤如下：

①按所需长度，用电工刀刀尖沿线芯中间缝隙划开护套层，如图 1 –28（a）所示。

②向后翻起护套层，用电工刀齐根切去，如图 1–28（b）所示。

③在距离护套层 5~10 mm 处，用电工刀以 45° 角倾斜切入绝缘层，其他剖削方法与塑料硬线绝缘层的剖削方法相同。

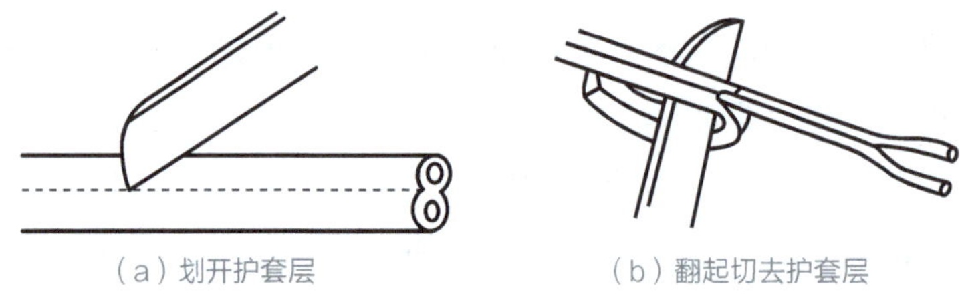

（a）划开护套层　（b）翻起切去护套层

图 1–28　塑料护套线绝缘层的剖削

（4）橡皮线绝缘层的剖削方法和步骤如下（见图 1–29）：

①将橡皮线编织保护层用电工刀划开，其方法与剖削护套线的护套层方法类似。

②然后用与剖削塑料线绝缘层相同的方法剖去橡皮线绝缘层。

③剥离棉纱层至根部，并用电工刀切去。

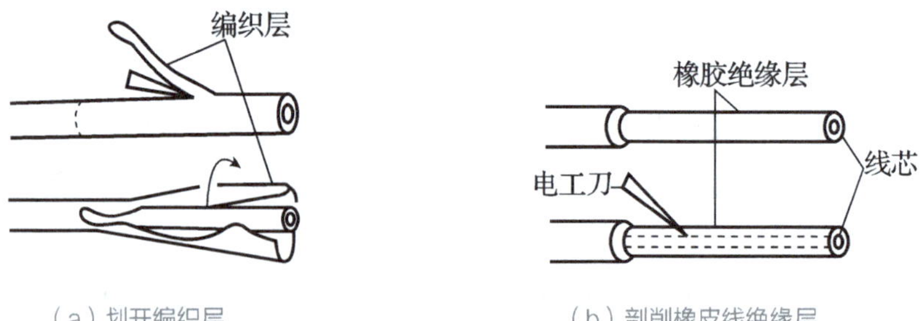

（a）划开编织层　（b）剖削橡皮线绝缘层

图 1–29　橡皮线绝缘层的剖削

（5）花线绝缘层的剖削方法和步骤如下：

①根据所需剖削长度，用电工刀在导线外表织物保护层割切一圈，并将其剥离。

②距织物保护层 10 mm 处，用钢丝钳刀口切割橡皮绝缘层。注意不能损伤线芯，拉下橡皮绝缘层，方法与图 1–26 所示方法类似。

③将露出的棉纱层松散开，用电工刀割断，如图 1–30 所示。

（a）将棉纱层散开 （b）割断棉纱层

图 1–30 花线绝缘层的剖削

（6）铅包线绝缘层的剖削方法和步骤如下：

①用电工刀围绕铅包层切割一圈，如图 1–31（a）所示。

②接着用双手来回弯折切口处，使铅包层沿切口处折断，把铅包层拉出来，如图 1–31（b）所示。

③铅包线内部绝缘层的剖削方法与塑料硬线绝缘层的剖削方法相同，如图 1–31（c）所示。

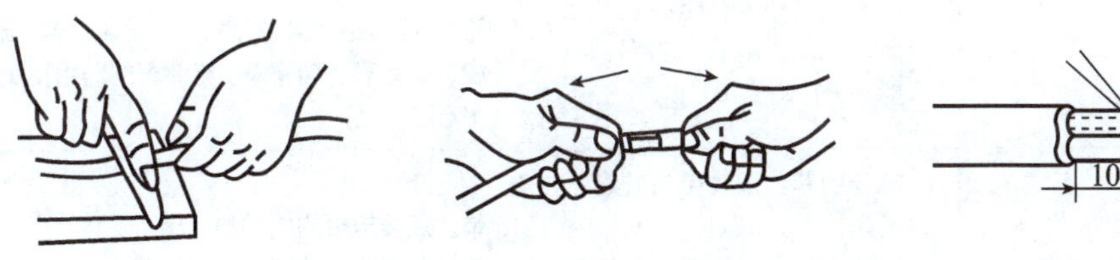

（a）按所需长度剖削 （b）折断并拉出铅包层 （c）剖削内部绝缘层

图 1–31 铅包线绝缘层的剖削

四、注意事项

（1）根据不同的导线选用适当的剖削工具。

（2）采用正确的方法进行绝缘层的剖削。

（3）检查剖削过绝缘层的导线，看是否存在断丝、线芯受损的现象。

维修电工职业技能鉴定要求

一、基本要求

1. 常用电工仪器仪表使用知识

（1）电工测量基础知识。

（2）常用电工仪表及其使用。

（3）常用电工仪器及其使用。

2. 常用电工工具、量具使用知识

（1）常用电工工具及其使用。

（2）常用电工量具及其使用。

二、维修电工（初级工、中级工）工作要求

类别	工作内容	技能要求	相关知识
初级	电工仪表及工具选用	1. 能根据工作任务正确选用工具、量具； 2. 能根据测量目的和要求选用电工仪表； 3. 能使用万用表、绝缘电阻表、电压表、电流表、钳形表、功率表、电能表对电压、电流、电阻、功率、电能等进行测量	1. 旋具、验电器、剥线钳、电工刀等常用工具的用途和使用方法； 2. 钢直尺、钢卷尺等常用量具的使用方法； 3. 万用表、绝缘电阻表、电压表、电流表、钳形表、功率表、电能表等常用电工仪表的结构与原理； 4. 万用表、绝缘电阻表、电压表、电流表、钳形表、功率表、电能表的选用及使用方法
中级	仪表仪器选用	1. 能选用单、双臂电桥并进行测量； 2. 能使用信号发生器、示波器对波形的幅值、频率进行测量	1. 单、双臂电桥的结构与使用方法； 2. 信号发生器的结构与工作原理； 3. 示波器的结构与使用方法

维修电工职业技能鉴定练习题

1. 下列工具中，属于常用低压绝缘基本安全用具的是（　）。

A. 电工刀　　　　B. 低压验电器

C. 绝缘棒　　　　D. 防护眼镜

2. 选择绝缘电阻表的原则是（ ）。

A. 绝缘电阻表额定电压要大于被测设备工作电压

B. 一般都选择 1 000 V 的绝缘电阻表

C. 选用准确度高、灵敏度高的绝缘电阻表

D. 绝缘电阻表测量范围与被测绝缘电阻的范围相适应

3. 用单臂直流电桥测量电感线圈的直流电阻时，应（ ）。

A. 先按下电源按钮，再按下检流计按钮

B. 先按下检流计按钮，再按下电源按钮

C. 同时按下电源按钮和检流计按钮

D. 无需考虑先后顺序

4. 用单臂直流电桥测量电阻时，若发现检流计指针向“+”方向偏转，则需（ ）。

A. 增加比率臂电阻　　B. 增加比较臂电阻

C. 减小比率臂电阻　　D. 减小比较臂电阻

5. 用电桥测电阻时，电桥与被测电阻的连接应使用（ ）的导线。

A. 较细较短　　B. 较粗较长　　C. 较细较长　　D. 较粗较短

项目2 室内电气布线和照明电路安装

电工在进行室内电气布线的时候，要掌握室内布线常用电线电缆、电气图的识读、室内照明电路的敷设、室内配电与照明装置的安装、家庭室内弱电布线等知识。作为一名维修电工，必须能合理选用导线、熔断器，而且要了解常见的室内电气布线和照明的基本工作原理及使用方法。

学习目标

一、基本目标

❶ 能对导线和熔断器进行分类。

❷ 了解室内电气布线和电气照明的规则。

❸ 掌握设计基本的室内电气布线图。

二、提高目标

能够掌握电气照明电路的分析方法并能够运用于实践。

项目描述

电工在室内电气布线和照明电路实施过程中需要掌握导线及熔断器的基本知识、室内电路配线及安装。本项目中我们的任务是学习室内电气布线的使用方法，并进行如下工作：

❶ 设计出室内照明电路。

❷ 按照要求实现电路控制。

❸ 使用验电器及万用表进行故障检测。

❹ 室内照明电路安装及测试。

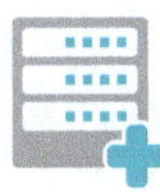

必备知识

一、导线和熔断器的选择

1. 导线的选择

1）线芯材料的选择

作为线芯的金属材料，必须同时具备电阻率较低，有足够的机械强度，在一般情况下有较好的耐腐蚀性，容易进行各种形式的机械加工且价格较便宜等特点。铜和铝基本符合这些特点，因此，常用铜或铝作为导线的线芯。当然，在某些特殊场合，需要用其他金属作为导电材料。铜导线的电阻率比铝导线小，焊接性能和机械强度比铝导线好，因此它常用于对导线要求较高的场合。铝导线密度比铜导线小，而且资源丰富，价格较铜导线相对低廉。目前铝导线的使用极为普遍。

2）导线截面的选择

选择导线，一般考虑三个因素：长期工作允许电流，机械强度和电路电压在允许范围内。

（1）根据长期工作允许电流选择导线截面。由于导线存在电阻，有电流时会发热，如果导线发热超过一定限度，其绝缘物会老化、损坏，甚至可能引发火灾。所以，根据导线敷设方式、环境温度的不同，导线允许的载流量也不相同。通常把导线允许通过的最大电流值称为安全载流量。在选择导线时，可依据用电负荷，参照导线的规格型号及敷设方式来选择导线截面。表 2–1 所示为一般用电设备负载电流计算表。

表 2-1 一般用电设备负载电流计算表

负载类型	功率因数	计算公式	每千瓦电流量 /A
电灯、电阻	1	单相：$I_P=P/U_P$	4.5
		三相：$I_L=P/\sqrt{3}\,U_L$	1.5
荧光灯	0.5	单相：$I_P=P/(U_P\times0.5)$	9
		三相：$I_L=P/(\sqrt{3}\,U_L\times0.5)$	3
单相电动机	0.75	$I_P=P/[U_P\times0.75\times0.75$（效率）]	8
三相电动机	0.85	$I_L=P/[\sqrt{3}\,U_L\times0.85\times0.85$（效率）]	2

注：公式中，I_P、U_P 分别为相电流、相电压；I_L、U_L 分别为线电流、线电压。

（2）根据机械强度选择导线。导线在安装后和运行中，要受到外力的影响。导线本身自重和不同的敷设方式使导线受到不同的张力，如果导线不能承受张力作用，会造成断线事故，因此，在选择导线时必须考虑机械强度。

（3）根据电压损失选择导线截面。

① 住宅用户用电，由变压器低压侧至电路末端，电压损失应小于 6%。

② 在正常情况下，电动机端电压与其额定电压相差不超过 5%。

按照以上条件选择导线截面，在同样负载电流下可能得出不同截面数据。此时，应选择其中最大的截面。

2. 熔断器的选择

1）熔断器的结构和工作原理

熔断器的结构一般包括熔体座和熔体等部分。熔断器是串联连接在被保护电路中的，当电路电流超过一定值时，熔体因发热而熔断，使电路被切断，从而起到保护作用。熔体的热量与通过熔体电流的平方及持续通电时间成正比。当电路短路时，电流很大，熔体急剧升温，立即熔断；当电路中电流值等于熔体额定电流时，熔体不会熔断。所以熔断器可用于短路保护。由于熔体在用电设备过载时所通过的过载电流能积累热量，当用电设备连续过载一定时间后，熔体积累的热量也能使其熔断，所以熔断器也可用于过载保护。

2）熔断器的分类

熔断器主要有瓷插式、螺旋式、管式、盒式和羊角式等几种形式，常用的熔断器如图 2-1 所示。

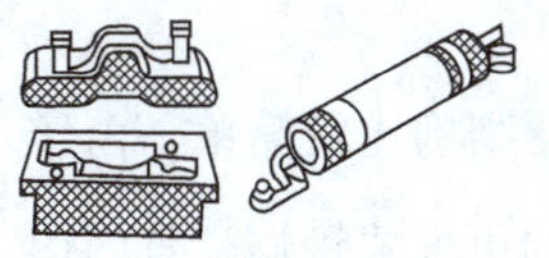

（a）瓷插式熔断器

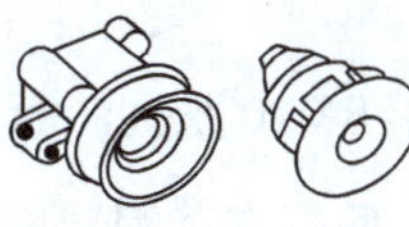

（b）螺旋式熔断器

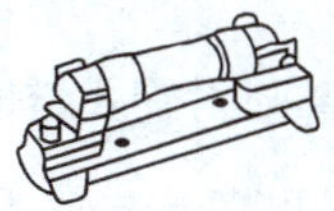

（c）无填料封闭管式熔断器

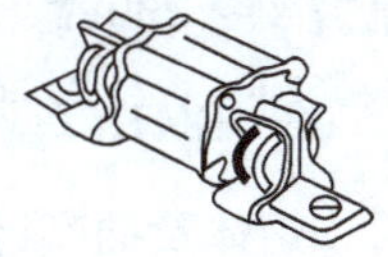

（d）有填料封闭管式熔断器

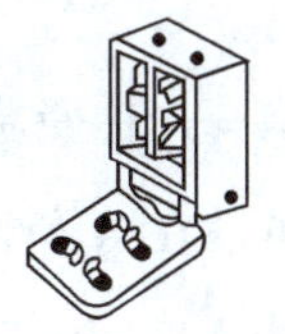

（e）盒式熔断器

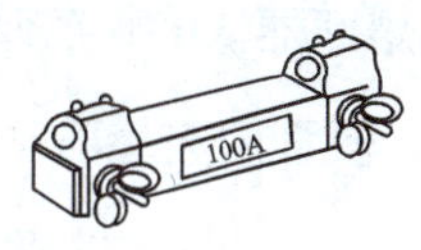

（f）羊角式熔断器

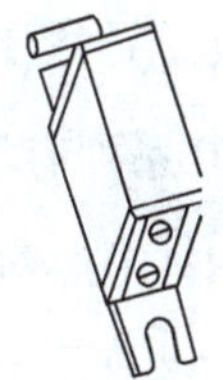

（g）快速熔断器

图 2-1　常见的熔断器

一般熔断器的型号及含义如下所示。

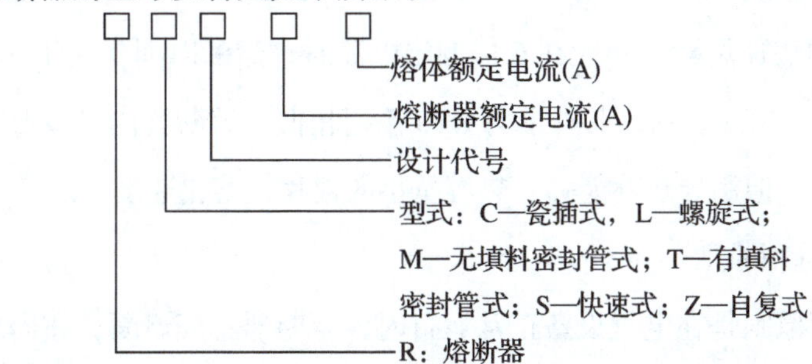

例如，型号 RC1A-15/10 表示：熔断器，瓷插式，设计代号为 1A，熔断器额定电流 15 A，熔体额定电流 10 A。

3）常用熔断器的特点及用途

（1）RC1A 系列瓷插式熔断器。RC1A 系列熔断器结构简单，由熔断器瓷底座和瓷盖两部分组成。熔丝用螺钉固定在瓷盖内的铜闸片上，拔下瓷盖便可更换熔丝，使用时将瓷盖插入底座。由于该系列熔断器使用方便、价格低廉，因而应用广泛。RC1A 系列熔断器主要用于交流 380 V 及以下的电路末端的电路和用电设备的短路保护，在照明电路中还可起过载保护作用。RC1A 系列熔断器额定电流为 5 ~ 200 A，但极限分断能力较差。由于该熔断器为半封闭结构，熔丝熔断时有声光现象，在易燃易爆的工作场合应禁止使用。

（2）RL1 系列螺旋式熔断器。RL1 系列熔断器由瓷帽、瓷套、熔管和底座等组成。熔管内装有石英砂、熔丝和带小红点的熔断指示器。当从瓷帽玻璃窗口观测到带小红点的熔断指示器自动脱落时，表示熔丝熔断了。熔管的额定电压为交流 500 V，额定电流为 2 ~ 200 A。

（3）RM10 系列无填料密封管式熔断器。RM10 系列熔断器结构比较简单，由熔断管、熔体及插座组成。熔断管为钢纸制成，两端有黄铜制成的可拆式管帽，管内熔体为变截面的熔片，更换较方便。RM10 系列熔断器的极限分断能力比 RC1A 系列熔断器有所提高，适用于小容量配电设备。

（4）RT0 系列有填料密封管式熔断器。RT0 系列熔断器有一个白瓷质的熔断管，基本结构与 RM10 系列熔断器类似，但管内充填石英砂。石英砂在熔体熔断时起灭弧作用，在熔断管的一端还设有熔断指示器。该熔断器的分断能力比同容量的 RM10 系列大 2.5 ~ 4 倍。RT0 系列熔断器适用于交流 380 V 及以下、短路电流大的配电装置中，作为电路及电气设备的短路保护及过载保护。

（5）快速熔断器。电力半导体器件的过载能力很差，采用熔断器保护时，要求过载或短路时必须快速熔断，一般在 6 倍额定电流时，熔断时间不大于 20 ms。快速熔断器主要有 RS0、RS3 系列，其外形与 RT0 系列相似，熔断管内充填石英砂，熔体也采用变截面形状，但用导热性能强、热容量小的银片，熔化速度快。

4）熔断器的选用原则

熔断器的选用原则是在电气设备正常运行时，熔断器不应熔断；在出现短路时，应立即熔断；在电流发生正常变动（例如电动机启动过程）时，熔断器不应熔断；在用电设备持续过载时，应延时熔断。

对熔断器的选用主要包括类型选择和熔体额定电流的确定。

（1）熔断器的额定电压要大于或等于电路的额定电压。

（2）熔断器的额定电流要依据负载情况而选择。具体选择方法如下：

①电阻性负载或照明电路。这类负载启动过程很短，运行电流较平稳，一般按负载额定电流的 1 ~ 1.1 倍选用熔体的额定电流，进而选定熔断器的额定电流。

②电动机等感性负载。这类负载的启动电流为额定电流的 4 ~ 7 倍，一般选择熔体的额定电流为电动机额定电流的 1.5 ~ 2.5 倍。这样的选择使熔断器难以起到过载保护作用，因此只能用于短路保护，过载保护采用热继电器。

对于多台电动机，其熔断器的选择应满足以下要求：

$$I_{nR} \geqslant (1.5 \sim 2.5) I_{nM} + \sum^{n-1} I_n$$

式中，I_{nR} ——熔体额定电流（A）；

I_{nM} ——最大一台电动机的额定电流（A）；

$\sum^{n-1} I_n$——其他电动机的额定电流之和（A）。

③硅整流装置。一般选用快速熔断器保护，要根据熔断器在电路中的位置（交流侧还是直流侧）及电路类型（半波或全波整流、单相或三相桥式等）选用熔断器。

（3）注意事项。在选择熔断器时应注意以下四点：

①熔断器极限分断电流应大于电路可能出现的最大故障电流。在多级保护的场合，上级熔断器的额定电流等级以大于下级熔断器的额定电流等级两级为宜。

②熔体的额定电流不得超过熔断器的额定电流。

③熔体熔断后，应分析原因，排除故障后，再更换新的熔体。在更换新的熔体时，不能轻易改变熔体的规格，更不准随便使用铜丝或铁丝代替熔体。

④必须在不带电的条件下更换熔体。管式熔断器的熔体应使用专用的绝缘插拔器进行更换。

二、室内电路配线

室内电路配线可分为明敷和暗敷两种。明敷是指导线沿墙壁、天花板表面、桁梁、屋柱等处敷设。暗敷是指导线穿管埋设在墙内、地坪内或顶棚里。一般来说，明敷安装施工和检查维修较方便，但室内美观受影响，人能触摸到的地方安全系数较低；暗敷安装施工要求高，检查和维护较困难。

配线方式一般包括瓷（塑料）夹板配线、绝缘子配线、槽板配线、塑料护套线配线和线管配线等。这里着重介绍较常采用的绝缘子配线、塑料护套线配线和线管配线。

室内的电气安装和配线施工，应做到电能传送安全可靠、电路布置合理美观、电路安装牢固。

1. 绝缘子配线

绝缘子配线又称瓷瓶配线，是利用绝缘子支持导线的一种配线，用于明配线。其特点是绝缘子较高，机械强度大，适用于用电量较大而又较潮湿的场合。绝缘子一般有鼓形绝缘子、蝶形绝缘子、针式绝缘子和悬式绝缘子等。鼓形绝缘子常用于截面较细导线的配线；蝶形绝缘子、针式绝缘子和悬式绝缘子常用于截面较粗的导线配线。

1）绝缘子配线的方法

（1）定位。定位工作在土建未抹灰前进行。根据施工图确定用电器的安装地点、导线的敷设位置和绝缘子的安装位置。

（2）划线。划线可用粉线袋或边缘有尺寸的木板条进行。在需要固定绝缘子处画一个“×”号，固定点间距主要考虑绝缘子的承载能力和两个固定点之间导线下垂的情况。

（3）凿眼。按划线定位进行凿眼。

（4）安装木榫或埋设缠有铁丝的木螺钉。

（5）埋设穿墙瓷管或过楼板钢管。此项工作最好在土建时预埋。

（6）固定绝缘子。在木结构墙上只能固定鼓形绝缘子，可用木螺丝直接拧入。在砖墙上或混凝土墙上，可利用预埋的木榫和木螺钉固定鼓形绝缘子；也可用环氧树脂黏结剂来固定鼓形绝缘子；还可用预埋的支架和螺栓来固定绝缘子。

（7）敷设导线及导线的绑扎。先将导线校直，将一端的导线绑扎在绝缘子的颈部，然后在导线的另一端将导线收紧，绑扎固定，最后绑扎固定中间导线。具体操作方法如下：

①终端导线的绑扎。用回头线绑扎，如图 2–2 所示。绑扎线应用绝缘线，绑扎线的直径和绑扎圈数如表 2–2 所示。

表 2–2　绑扎线的直径和绑扎圈数

导线截面 /mm^2	绑扎线直径 /mm		绑扎圈数	
	铜芯线	铝芯线	公圈数	单圈数
1.5 ~ 10	1.0	2.0	10	5
10 ~ 35	1.4	2.0	12	5
50 ~ 70	2.0	2.6	16	5
95 ~ 120	2.6	3.0	20	5

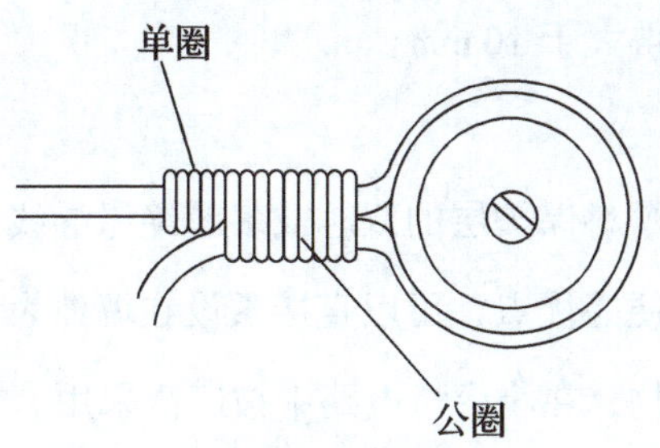

图 2–2　终端导线的绑扎

②直线段导线的绑扎。一般采用单绑法和双绑法两种：截面在 6 mm^2 及以下的导线可采用单绑法，如图 2–3 所示；截面在 10 mm^2 及以上的导线可采用双绑法，如图 2–4 所示。

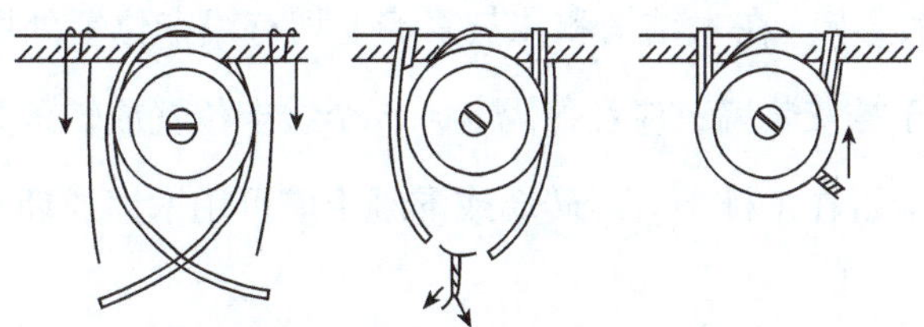

图 2–3　直线段导线的单绑法

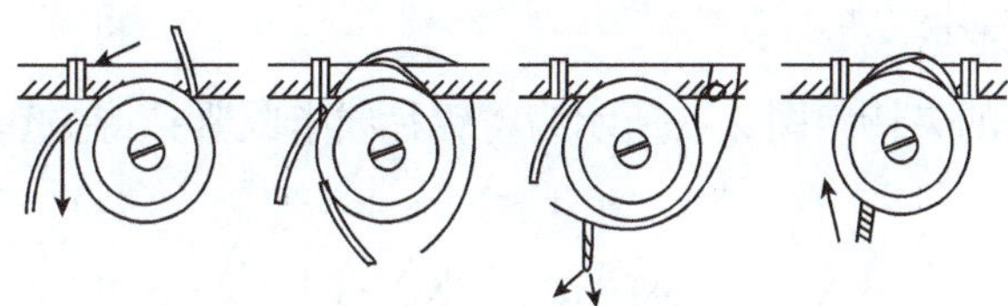

图 2–4　直线段导线的双绑法

2）绝缘子配线注意事项

在绝缘子配线时需要注意以下七点：

（1）平行的两根导线，应在两个绝缘子的同一侧或在两个绝缘子的外侧。严禁将导线置于两绝缘子的内侧。

（2）导线在同一平面内，如果遇到曲折时，绝缘子须装设在导线的曲折角内侧。

（3）导线不在同一平面上曲折时，在凸角的两个面上，应设两个绝缘子。

（4）在建筑物的侧面或斜面配线时，必须将导线绑在绝缘子的上方。

（5）导线分支时，在分支点处要设置绝缘子，以支持导线。

（6）导线相互交叉时，应在距建筑物近的导线上套绝缘保护管。

（7）绝缘子沿墙垂直排列敷设时，导线弛度（弧垂）不得大于 5 mm；沿水平支架敷设时，导线弛度不得大于 10 mm。

2. 塑料护套线配线

塑料护套线是具有塑料保护层的双芯或多芯绝缘导线。这种导线具有防潮性能良好、安全可靠、安装方便等优点，可以直接敷设在墙体表面，用铝片线卡（又称钢精扎头）作为导线的支持物，在小容量电路中被广泛采用。

1）塑料护套线的配线方法

（1）划线定位。先确定用电设备安装位置和电路走向，用弹线袋划线，每隔 150 ~ 300 mm 划出铝片线卡的位置，距开关、插座、灯具、木台 50 mm 处要设置线卡的固定点。

（2）固定铝片线卡。在木结构和抹灰浆墙上划有线卡位置处用小铁钉直接将铝片线卡钉牢，但对于抹灰浆墙，应在每隔 4 ~ 5 个线卡位置或转角处及进木台前须凿眼安装木榫，将线卡钉在木榫上。对砖墙或混凝土墙可用木榫或环氧树脂黏结剂固定线卡。

（3）敷设导线。护套线的敷设原则是横平竖直，不松弛，不扭曲，不损坏护套层。将护套线依次夹入铝片线夹。

（4）铝片线卡的夹持。图 2–5 所示为将铝片线卡收紧夹持护套线的方法。

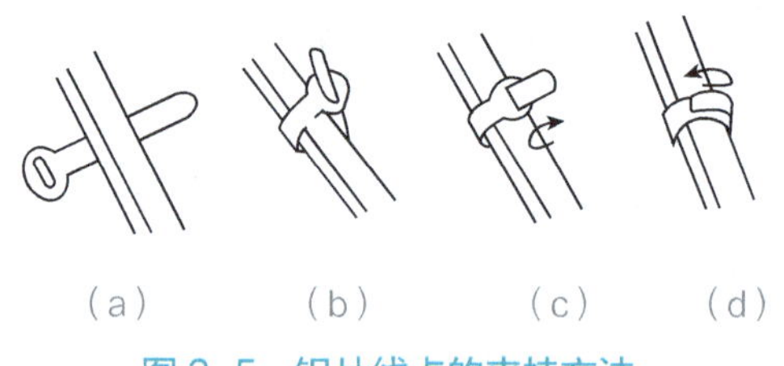

图 2–5 铝片线卡的夹持方法

2）塑料护套线配线的注意事项

（1）塑料护套线不得直接埋入抹灰层内暗配敷设。

（2）室内使用塑料护套线配线，规定其铜芯截面不得小于 0.5 mm^2，铝芯截面不得小于 1.5 mm^2。室外使用时，其铜芯截面不得小于 1.0 mm^2，铝芯截面不得小于 2.5 mm^2。

（3）塑料护套线不能在电路上直接剖开连接，应通过接线盒或瓷接头，或借用插座、开关的接线柱来连接线头。

（4）护套线转弯时，转弯前后各用一个铝片线卡夹住，转弯角度要大，如图 2–6（a）所示。

（5）两根护套线相互交叉时，交叉处要用四个铝片线卡夹住，如图 2–6（b）所示。护套线尽量避免交叉。

（6）穿越墙或楼板及离地面距离小于 0.15 m 的一般护套线应加电线管保护，如图 2–6（c）所示。

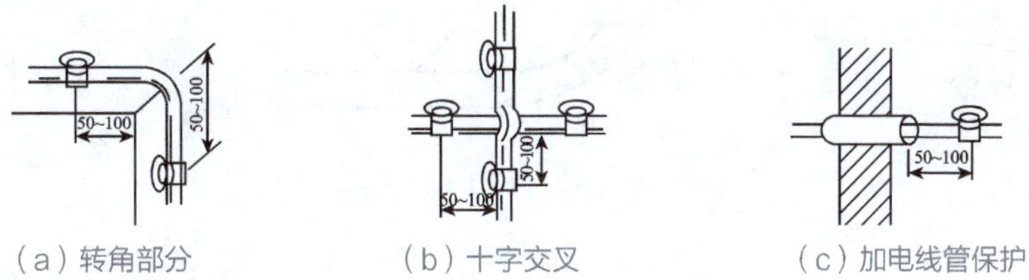

（a）转角部分　（b）十字交叉　（c）加电线管保护

图 2–6　塑料护套线配线的注意事项

3. 线管配线

把绝缘导线穿在管内的配线称为线管配线。线管配线有耐潮、耐腐蚀、导线不易受到机械损伤等优点，但安装、维修不方便。其适用于室内外照明和动力电路的配线。

1）线管配线的方法

（1）线管的选择。具体选择方法如下：

①根据使用场所选择线管的类型。对于潮湿和有腐蚀气体的场所，应选择管壁较厚的白铁管；对于干燥场所，应采用管壁较薄的电线管；对于腐蚀性较大的场所，一般选用硬塑料管。

②根据穿管导线的截面和根数来选择线管的直径。一般按照穿管导线的总截面（包括绝缘层）不应超过线管内径截面的 40% 来选择。

（2）线管的敷设。根据用电设备位置设计好电路的走向，尽量减少弯头的使用。用弯管机制作弯头时，管子弯曲角度一般不应小于 90°，要有明显的圆弧，不能弯瘪线管，以便于导线穿越。硬塑料管弯曲时，先将硬塑料管用电炉或喷灯加热直到塑料管变软，然后放到木坯具上弯曲，用湿布冷却后成型，如图 2–7 所示。

（3）线管的连接。对于钢管与钢管的连接，可采用管箍连接，如图 2–8（a）所示，管子的丝扣部分应顺螺纹方向缠上麻丝后用管子钳拧紧；用接线盒连接时应用锁紧螺母夹紧，如图 2–8（b）所示。硬塑料管之间的连接，可采用插入法和套接法，如图 2–9 所示，在连接处需涂上黏接剂。

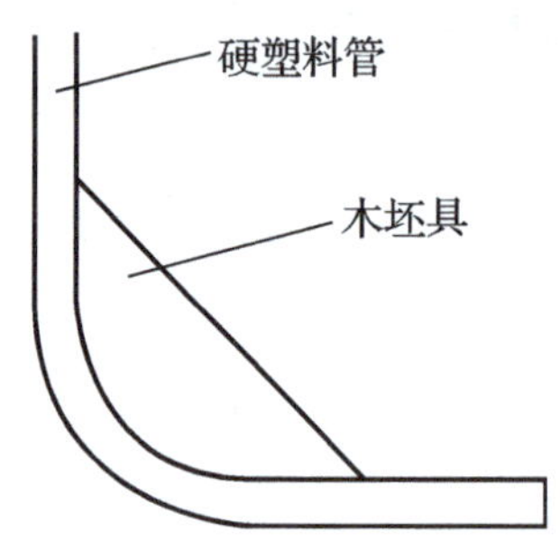

图 2-7 硬塑料管的弯曲

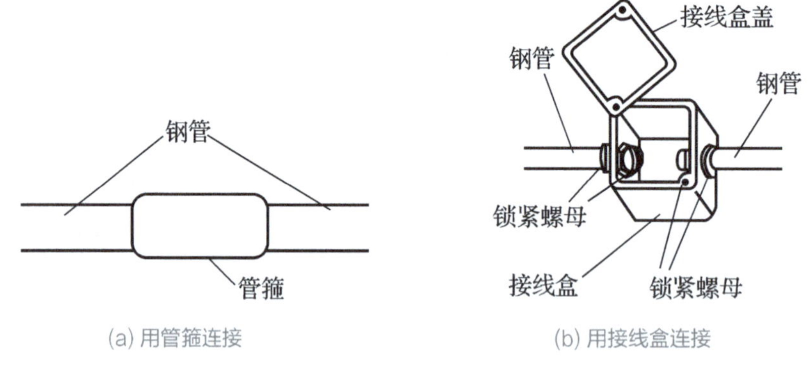

(a) 用管箍连接　(b) 用接线盒连接

图 2-8 钢管与钢管的连接

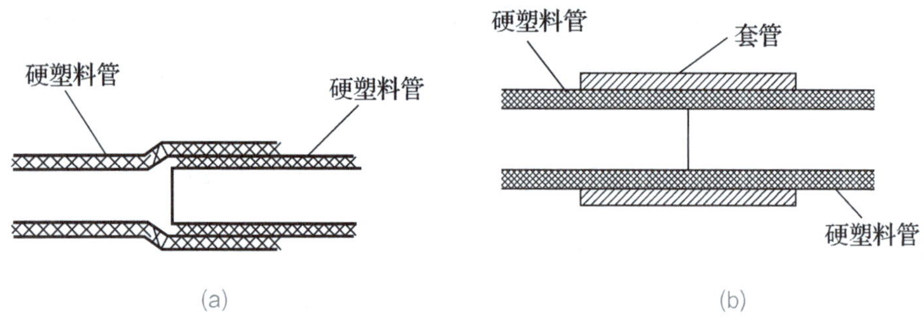

(a)　(b)

图 2-9 硬塑料管的连接

（4）线管的固定。线管明敷时，采用管卡支持；当线管进入开关、灯头、插座、接线盒前 300 mm 处及线管弯头两边，需用管卡固定。线管暗敷时，用铁丝将管子绑扎在钢筋上或用钉子钉在模板上，将管子用垫块垫高，使管子与模板之间保持一定距离。

（5）线管的接地。线管配线的钢管必须可靠接地。

（6）扫管穿线。其方法如下：

① 先将管内杂物和水分清除。

② 选用 ϕ1.2 mm 的钢丝做引线，钢丝一头弯成小圆圈，送入线管的一端，由线管另一端穿出。在两端管口加护圈保护并防止杂物进入管内。

③ 按线管长度加上两端连接所需长度余量截取导线，削去导线绝缘层，将所有穿管导线的线头与钢丝引线缠绕。同一根导线的两端做上标记。穿线时由一人将导线理成平行束向线管内送，另一人在线管的另一端慢慢抽拉钢丝，将导线穿入线管。

2）线管配线的注意事项

（1）穿管导线的绝缘强度应不低于 500 V，导线最小横截面规定：铜芯线横截面为 1 mm^2，铝芯线横截面为 2.5 mm^2。

（2）线管内导线不准有接头，也不准穿入绝缘破损后经包缠恢复绝缘的导线。

（3）交流回路中不许将单根导线单独穿于钢管，以免产生涡流发热。同一交流回路中的导线，必须穿于同一钢管内。

（4）线管电路应尽可能减少转角或弯曲。管口、管子连接处均应做密封处理，防止灰尘和水汽进入管内，明管管口应装防水弯头。

（5）管内导线一般不得超过 10 根，不同电压或不同电能表的导线不得穿在一根线管内。但一台电动机包括控制和信号回路的所有导线，及同一台设备的多台电动机的电路，允许穿在同一根线管内。

三、配电板的安装

1. 单相电能表

单相电能表是用于测量单相交流电用户的电量，即测量电能的仪表。

1）单相电能表的结构和工作原理

（1）单相电能表的结构。单相电能表的结构主要由四部分组成：驱动元件，包括电流元件和电压元件；转动元件，即转盘；制动元件，即制动磁铁；计数器。

（2）电能表的工作原理。电能表接入交流电源，并接通负载后，电压线圈接在交流电源两端，而电流线圈又流入交流电流，这两个线圈产生的交变磁场，穿过转盘，在转盘上产生涡流，涡流和交变磁场相互作用，产生转矩，驱使转盘转动。转盘转动后在制动磁铁的磁场作用下也产生涡流，该涡流与磁场作用产生与转盘转向相反的制动力矩，使转盘的转速与负载的功率大小成正比。转速用计数器显示出来，计数器累计的数字即为用户消耗的电能，并已转换为度数（kW·h）。

2）单相电能表的接线

单相电能表共有四个接线柱，从左到右依次按 1、2、3、4 编号。一般单相电能表接线柱 1、3 接电源进线（1 为相线进，3 为中性线进），接线柱 2、4 接电源出线（2 为相线出，4 为中性线出）。但也有单相电能表接线是以接线柱 1、2 为电源进线，3、4 接出线。所以采用何种接法，应参照电能表接线盖上的接线图进行接线。

2. 负荷开关

负荷开关是手动控制电器中最简单而使用较广泛的一种低压电器。它在电路中的作用是隔离电源、分断负载，常用于不频繁接通与分断额定电流以下的照明、电热及直接启动的小容量电动机电路之中。它主要包括 HK 系列开启式负荷开关和 HH 系列封闭式负荷开关。

1）HK 系列开启式负荷开关（又称闸刀开关）

HK 系列开启式负荷开关主要由瓷底板、瓷手柄、熔丝、胶盖及闸刀本体等组成，如图 2-10 所示。类型可分双极和三极，额定电流有 10 A、15 A、30 A、60 A 四种，额定电压有 220 V 和 380 V。一般只能直接控制功率为 5.5 kW 以下的三相电动机或一般的照明电路。

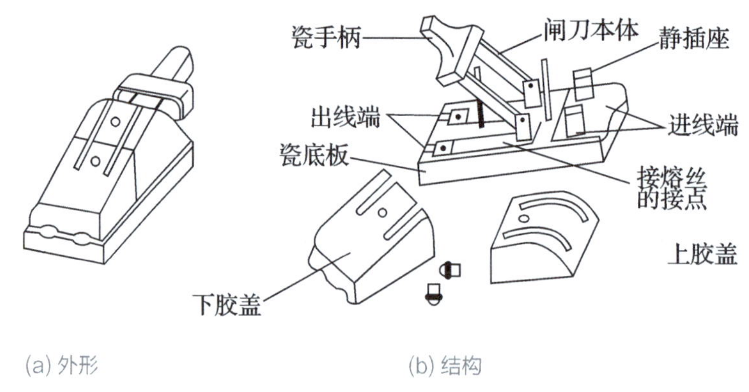

图 2-10　HK 系列开启式负荷开关

闸刀开关的使用应注意以下六点：

（1）闸刀开关的额定电压必须与电路电压相适应。

（2）对于电阻负载或照明负载，闸刀开关的额定电流应大于负载的额定电流；对于电动机负载，闸刀开关的额定电流应大于负载额定电流的 3 倍。

（3）闸刀开关内所配熔体的额定电流不得大于该开关的额定电流。

（4）闸刀开关必须垂直安装，且合闸时手柄应向上。电源线应接在开关的静触点上，负载应接在动触点的出线端。

（5）更换熔丝时必须切断电源。

（6）分、合闸时，动作要果断、迅速。

2）HH 系列封闭式负荷开关（又称铁壳开关）

铁壳开关主要由闸刀、熔断器、操作机构和钢板外壳等组成。铁壳开关内有速断弹簧和凸轮机构，可使拉闸、合闸迅速。开关内装有简单的灭弧装置，断流能力较强。铁盖上有机械联锁装置，能保证合闸时打不开盖，而打开盖时合不上闸，使得铁壳开关在使用中比较安全。它的额定电流在 15 ~ 200 A 之间。铁壳开关的安装使用与闸刀开关类似，但其金属外壳应可靠接地。

3. 配电板的安装

1）配电板的安装方法

室外交流电源线通过进户装置进入室内，再通过量电和配电装置才能将电能送至用电设备。量电装置通常由进户总熔丝盒、电能表等组成。配电装置一般由控制开关、过载及短路保护电器等组成，容量较大的还装有隔离开关。

一般将总熔丝盒装在进户管的墙上，该装置用于防止下级电力电路的故障影响到前级配电干线而造成更大区域的停电。电能表、控制开关、短路和过载保护电器安装在同一块配电板上，如图 2–11 所示。

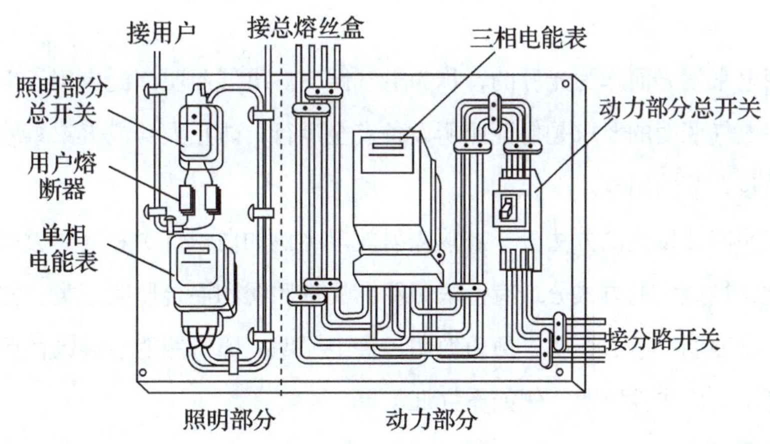

图 2–11　配电板的安装

该配电板左边为照明部分，右边为动力部分。动力部分的三相电能表选用直接式三相四线制电能表。这种电能表共有 11 个接线柱头，从左到右按 1~11 编号，其中 1、

4、7 是电源相线的进线端子；3、6、9 是相线的出线端子，分别去接总开关的三个进线端子；10、11 是电源中线的进线端子和出线端子，2、5、8 三个接线端子可空置，如图 2–12 所示。

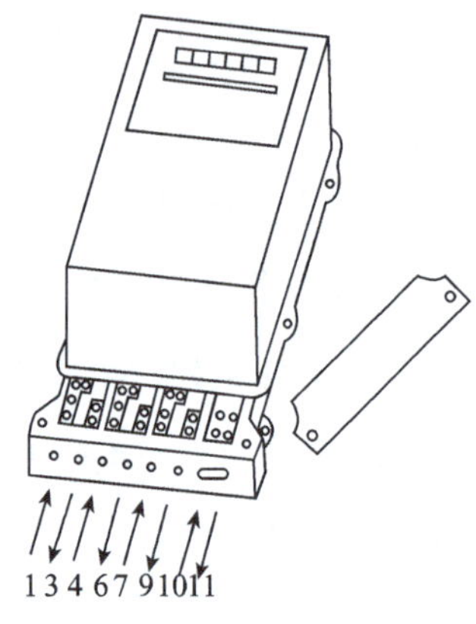

图 2–12 直线式三相四线制电能表接线

2）安装配电板注意事项

安装配电板时应注意以下五点：

（1）正确选择电能表的容量。电能表的额定电压与用电器的额定电压相一致，负载的最大工作电流不得超过电能表的最大额定电流。

（2）电能表总线必须采用铜芯塑料硬线，其最小横截面不应小于 1.5 mm^2，中间不准有接头，从总熔丝盒到电能表之间沿线敷设长度不宜超过 10 m。

（3）电能表总线必须明线敷设或线管明敷，进入电能表时，一般按“左进右出”原则接成。

（4）电能表的安装必须垂直于地面。

（5）配电板应避免安装在易燃、高温、潮湿、易振动或有灰尘的场所。配电板应安装牢固。

四、常用照明附件和白炽灯的安装

利用电来发光而作为光源的，称为电气照明。电气照明广泛应用于生产和日常生活中，对电气照明的要求是保证照明设备安全运行，防止人身或火灾事故的发生，提高照明质量，节约用电。

电气照明按发光的方法分，有热辐射放电（例如白炽灯）和气体放电（例如日光灯）两类；按照明的方式分，有一般照明、局部照明和混合照明三类、按使用的性质分，有正常照明、事故照明、值班照明、警卫照明、障碍照明、装饰性照明（例如射灯、闪灯）、广告性照明（例如霓虹灯）等。

1. 常用照明附件

常用照明附件包括灯座、开关、插座、挂线盒及木台等器件。

1）灯座

灯座大致分为插口式和螺旋式两种类型。灯座外壳有瓷、胶木和金属材料三种类型。根据不同的应用场合可分为平灯座、吊灯座、防水灯座和荧光灯座等。常用灯座如图 2-13 所示。

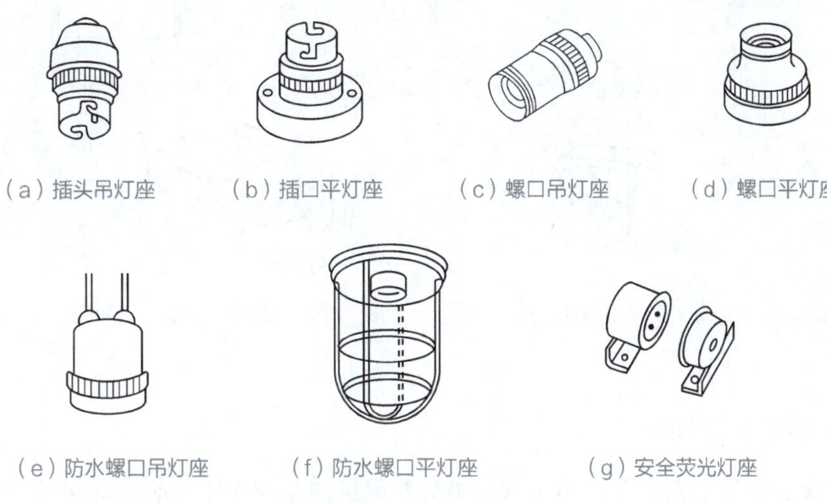

图 2-13　常用灯座

2）开关

开关是在照明电路中接通或断开照明灯具的器件。按其安装形式可分为明装式和暗装式；按其结构可分为单联开关、双联开关和旋转开关等。常用开关如图 2-14 所示。

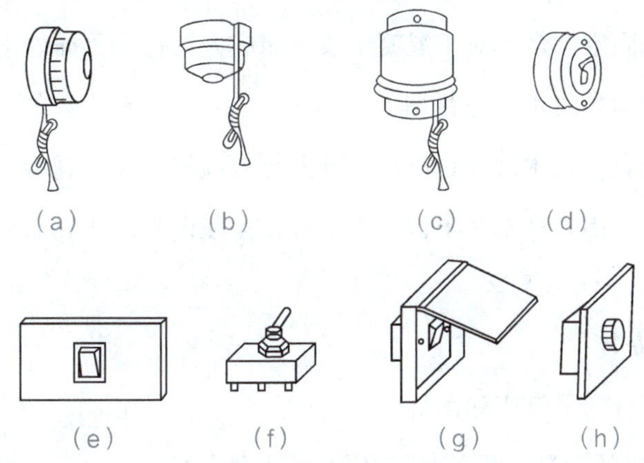

图 2-14　常见开关

3）插座

插座是为各种可移动用电器提供电源的器件。按其安装形式可分为明装式和暗装式；从其结构可分为单相双极插座、单相带接地线的三极插座及带接地的三相四极插座等。常用插座如图 2-15 所示。

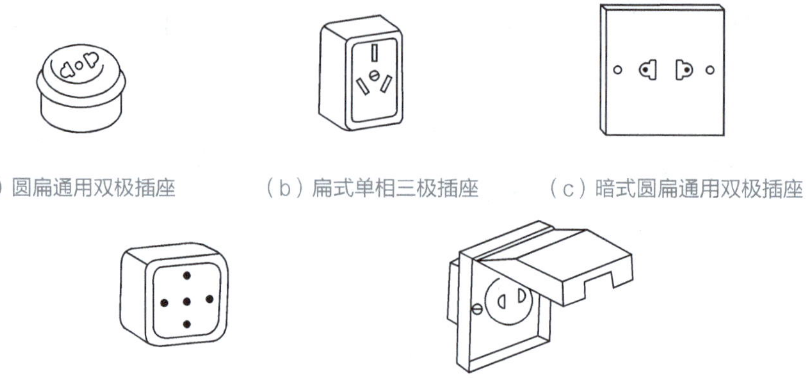

图 2-15 常用插座

4）挂线盒和木台

挂线盒俗称“先令”，用于悬挂吊灯并起接线盒的作用，制作材料可分为磁质和塑料。木台用来固定挂线盒、开关、插座等，形状有圆形和方形，材料有木质和塑料。

2. 常用照明附件的安装

1）木台的安装

在明线敷设完毕后，需要在安装开关、插座、挂线盒等处先安装木台。在木质墙上可直接用螺钉固定木台，对于混凝土或砖墙应先钻孔，再插入木榫或膨胀管。

在安装木台前先对木台进行加工，具体步骤：根据要安装的开关、插座等的位置和导线敷设的位置，在木台上钻好出线孔并锯好线槽；然后将导线从木台的线槽进入木台，从出线孔穿出（在木台下留出一定长度余量的导线）；最后用较长的木螺钉将木台固定牢固。

2）灯座的安装

灯座的安装分为平灯座和吊灯座。

（1）平灯座的安装。平灯座应安装在已固定好的木台上。平灯座上有两个接线柱，一个与电源中性线连接，另一个与来自开关的一根线（开关控制的相线）连接。插口平灯座上的两个接线柱可任意连接上述两个线头。如图 2-16 所示，对于螺口平灯座，有严格的规定：必须把来自开关的线头连接在连通中心弹簧片的接线柱上，电源中性线的线头连接在连通螺

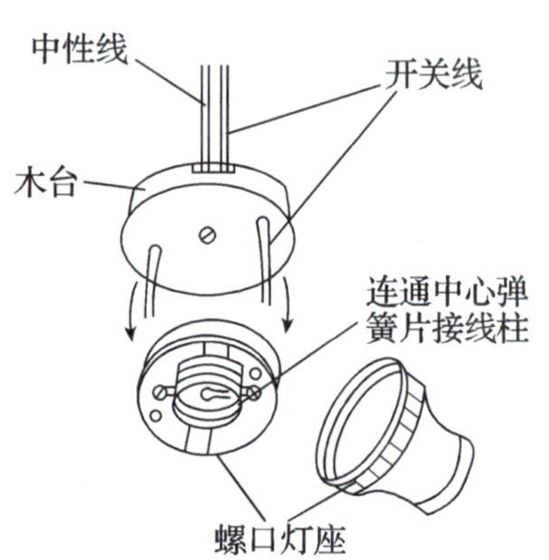

图 2-16 螺口平灯座安装

纹圈的接线柱上。

（2）吊灯座的安装。吊灯座的安装时先把挂线盒底座安装在已固定好的木台上，再将塑料软线或花线的一端穿入挂线盒罩盖的孔内，并打一个结，使其能承受吊灯的重量（采用软导线吊装的吊灯重量应小于 1 kg，否则应采用吊链），然后将两个线头的绝缘层剥去，分别穿入挂线盒底座正中凸起部分的两个侧孔里，再分别接到两个接线柱上，旋上挂线盒盖。接着将软线的另一端穿入吊灯座盖孔内，也打一个结，把两个剥去绝缘层的线头接到吊灯座的两个接线柱上，罩上吊灯座盖，如图 2–17 所示。

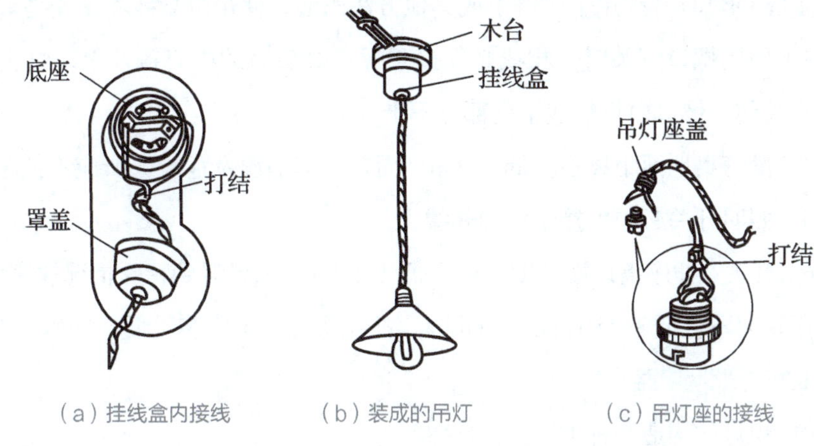

（a）挂线盒内接线　（b）装成的吊灯　（c）吊灯座的接线

图 2–17　吊灯座的安装

3）开关的安装

开关分为单联开关和双联开关。

（1）单联开关的安装。单联开关明装时也要安装在已固定好的木台上，将穿出木台的两根导线（一根为电源相线，一根为开关线）穿入开关的两个孔眼，固定开关，然后把剥去绝缘层的两个线头分别接到开关的两个接线柱上，最后装上开关盖。

（2）双联开关的安装。双联开关一般用于在两处用两只双联开关控制一盏灯。双联开关的安装方法与单联开关类似，但其接线较复杂。双联开关有三个接线端，分别与三根导线相接。双联开关中连铜片的接线柱不能接错，一个开关的连铜片接线柱应和电源相线连接，另一个开关的连铜片接线柱与螺口灯座的中心弹簧片接线柱连接。每个开关还有两个接线柱用两根导线分别与另一个开关的两个接线柱连接。待接好线，经过仔细检查确保无误后才能通电使用。

4）插座的安装

明装插座应安装在木台上，安装方法与安装开关相似，穿出木台的两根导线为相线和中性线，分别接于插座的两个接线柱上。对于单相三极插座，其接地线柱必须与接地线连接，不能用插座中的中性线作为接地线。

5）照明装置安装规定

照明装置的安装有如下规定：

（1）对于潮湿、有腐蚀性气体、易燃、易爆的场所，应分别采用合适的防潮、防爆、防雨的开关和灯具。

（2）吊灯应装有挂线盒，一般每只挂线盒只能装一盏灯。吊灯应安装牢固，重量超过 1 kg 的灯具必须用金属链条或其他方法吊装，使吊灯导线不承受力。

（3）使用螺口灯头时，相线必须接于螺口灯头座的中心铜片上，灯头的绝缘外壳不应有损伤，螺口白炽灯泡金属部分不准外露。

（4）吊灯离地面距离不应低于 2 m，而在环境潮湿及危险场所应不低于 2.5 m。

（5）照明开关必须串接于电源相线上。

（6）开关、插座离地面高度一般不低于 1.3 m，如果遇到特殊情况插座可以装低，但离地面距离不应低于 150 mm，幼儿园、托儿所等处不应装设低位插座。

3. 白炽灯照明电路

1）白炽灯的构造和种类

白炽灯具有结构简单、安装简便、使用可靠、成本低、光色柔和等特点。一般白炽灯为无色透明灯泡，也可根据需要制成磨砂灯泡、乳白灯泡及彩色灯泡。

（1）白炽灯的构造。白炽灯由灯丝、玻璃壳、玻璃支架、引线、灯头等组成。灯丝一般用钨丝制成，当电流通过灯丝时，由于电流的热效应，灯丝温度上升至白炽程度而发光。功率在 40 W 以下的灯泡，制作时将玻璃壳内抽成真空；功率在 40 W 及以上的灯泡则在玻璃壳内充氩气或氮气等惰性气体，使钨丝在高温时不易挥发。

（2）白炽灯的种类。白炽灯的种类很多，按其灯头结构可分为插口式和螺口式两种；按其额定电压分有 6 V、12 V、24 V、36 V、110 V 和 220 V 等多种；按其用途分为普通照明用白炽灯、投光型白炽灯、低压安全灯、红外线灯及各类信号指示灯等。各种不同额定电压的灯泡外形相似，所以在安装灯泡时应注意灯泡的额定电压必须与电路电压一致。

2）白炽灯接线原理

（1）用单联开关控制白炽灯。一只单联开关控制一盏白炽灯的接线原理，如图 2-18（a）所示。

（2）用双联开关控制白炽灯。两只双联开关控制一盏白炽灯的接线原理，如图2–18（b）所示。

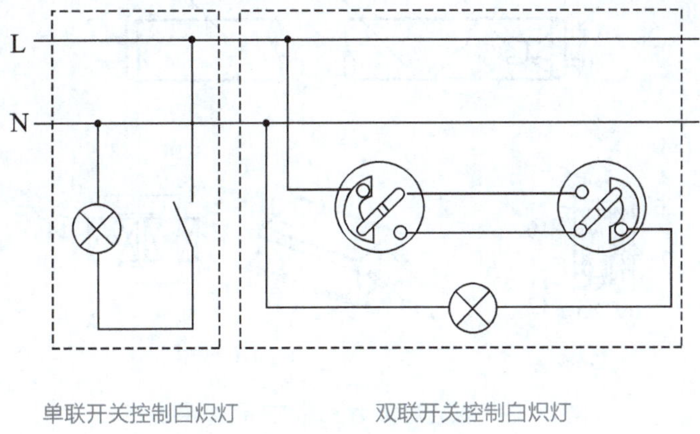

单联开关控制白炽灯　　　双联开关控制白炽灯

图 2–18　白炽灯照明电路

4. 荧光灯照明电路

荧光灯又称日光灯，与白炽灯一样具有结构简单、使用方便等特点，此外荧光灯还有发光效率高的优点，因此，荧光灯也是应用较普遍的一种照明灯具。

1）荧光灯照明电路简介

（1）荧光灯及其附件的结构。

荧光灯照明电路主要由灯管、起辉器、起辉器座、镇流器、灯座、灯架等组成。

①灯管：由玻璃管、灯丝、灯头、灯脚等组成，其外形结构如图2–19（a）所示。玻璃管内抽成真空后充入少量汞（水银）和惰性气体（氩等），管壁涂有荧光粉，在灯丝上涂有电子粉。

灯管常用规格有6 W、8 W、12 W、15 W、20 W、30 W及40 W等。灯管外形除有直线形外，也有制成环形或U形等。

②起辉器：由氖泡、纸介质电容器、出线脚、外壳等组成，氖泡内有∩形动触片和静触片，如图2–19（b）所示。常用规格有4 ~ 8 W、15 ~ 20 W、30 ~ 40 W，还有通用型4 ~ 40 W等。

③起辉器座：常用塑料或胶木制成，用于放置起辉器。

④镇流器：主要由铁心和线圈等组成，如图2–19（c）所示。使用时镇流器的功率必须与灯管的功率及起辉器的规格相符。

⑤灯座：灯座有开启式和弹簧式两种。灯座规格有大型的，适用于15 W及以上的灯管；有小型的，适用于6 ~ 12 W灯管。

⑥灯架：有木制和铁制两种，规格应与灯管相配合。

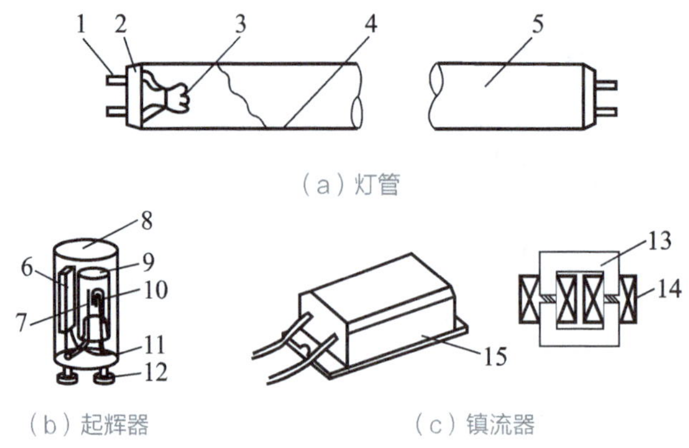

图 2-19 荧光灯照明装置的主要部件结构

1—灯脚；2—灯头；3—灯丝；4—荧光粉；5—玻璃管；6—电容器；7—静触片；8—外壳；9—氖泡；10—动触片；11—绝缘底座；12—出线脚；13—铁心；14—线圈；15—金属外壳

（2）荧光灯的工作原理。荧光灯的工作原理如图 2-20 所示。闭合开关接通电源后，电源电压经镇流器、灯管两端的灯丝加在起辉器的∩形动触片和静触片之间，引起辉光放电。放电时产生的热量使得用双金属片制成的∩形动触片膨胀并向外伸展，与静触片接触，使灯丝预热并发射电子。在∩形动触片与静触片接触时，因二者间的电压为零而停止辉光放电。∩形动触片冷却收缩并复原而与静触片分离，在动、静触片断开瞬间在镇流器两端产生一个比电源电压高得多的感应电动势。该感应电动势与电源电压串联后加在灯管两端，使灯管内惰性气体被电离而引起弧光放电。随着灯管内温度升高，液态汞汽化游离，引起汞蒸汽弧光放电而发生肉眼看不见的紫外线。紫外线激发灯管内壁的荧光粉后，发出近似日光的可见光。

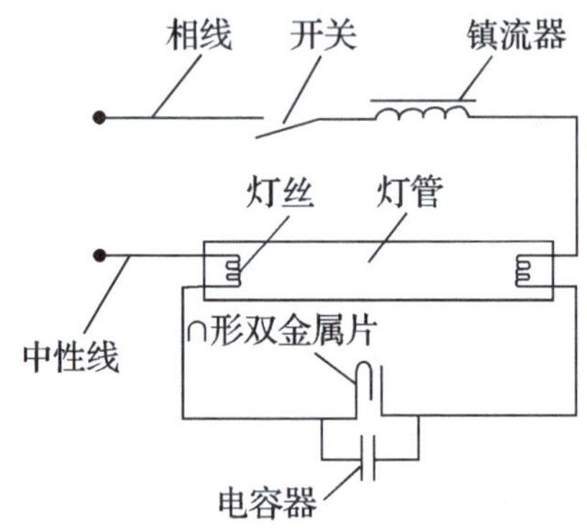

图 2-20 荧光灯的工作原理

（3）镇流器的作用。镇流器在电路中除上述作用外还有两个作用：一是在灯丝预热时限制灯丝所需的预热电流，防止预热电流过大而烧断灯丝，保证灯丝电子的发射能力；二是在灯管起辉后，维持灯管的工作电压和限制灯管的工作电流在额定值，以保证灯管稳定工作。

（4）起辉器内电容器的作用。该电容器有两个作用：一是与镇流器线圈形成 LC 振荡电路，延长灯丝的预热时间和维持感应电动势；二是吸收干扰收音机和电视机的交流杂声。

2）荧光灯的安装

荧光灯照明电路中导线的敷设，木台、接线盒、开关等照明附件的安装方法与要求与白炽灯照明电路基本相同。现主要介绍荧光灯的安装方法。

荧光灯的接线方法如图 2–21 所示。具体安装步骤如下：

（1）用导线把起辉器座上的两个接线柱分别与两个灯座中的一个接线柱连接。

（2）把一个灯座中余下的一个接线柱与电源中性线连接，另一个灯座中余下的一个接线柱与镇流器的一个线头相连。

（3）镇流器的另一个线头与开关的一个接线柱连接。

（4）开关的另一个接线柱接电源相线。

接线完毕后，把灯架安装好，旋上起辉器，插入灯管。需要注意的是，当整个荧光灯重量超过 1 kg 时应采用吊链。

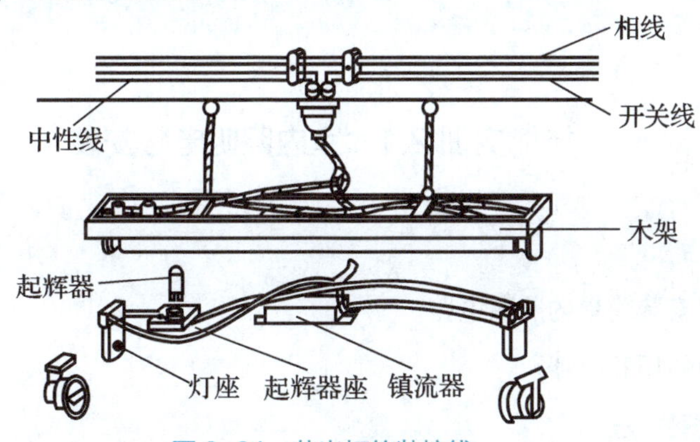

图 2–21　荧光灯的装接线

3）荧光灯照明电路常见故障分析

（1）接通电源后，荧光灯不亮。

故障原因：灯脚与灯座、起辉器与起辉器座接触不良；灯丝断；镇流器线圈断开；新装荧光灯接线错误。

检修方法：旋动灯管或起辉器，找出接触不良处并修复；用万用表电阻挡检查灯管两端的灯丝是否断，可更换新灯管；修理或调换镇流器；找出接线错误处。

（2）荧光灯光闪动或只有两头发光。

故障原因：起辉器氖泡内的动、静触片不能分开或电容器被击穿导致短路；镇流器配用规格不合适；灯脚松动或镇流器接头松动；灯管陈旧；电源电压太低。

检修方法：更换起辉器；调换与荧光灯功率适配的镇流器；修复接触不良处；更换新灯管；如果有条件，可采取稳压措施。

（3）光在灯管内滚动或灯光闪烁。

故障原因：新管暂时发生的现象；灯管质量不好；镇流器配用规格不合适或接线松动；起辉器接触不良或损坏。

检修方法：开用几次可消除故障现象；更换灯管再试一下；调换合适的镇流器或加固接线；修复接触不良处或调换起辉器。

（4）镇流器过热或冒烟。

故障原因：镇流器内部线圈短路；电源电压过高；灯管闪烁时间过长。

检修方法：调换镇流器；检查电源；按故障（3）的检修方法检查闪烁原因并排除。

技能实训

技能实训 2.1　室内照明电路安装

一、实训目标

（1）学习安装简单的照明电路。

（2）练习使用验电器。

二、实训器具及材料

电源插头，闸刀开关，螺口灯头，卡口灯头，螺口灯泡，卡口灯泡，拉线开关 2 个，细保险丝 2 条（额定电流不大于 0.5 A），吊线盒 2 个，圆木 4 块，铝芯导线若干，瓷夹板若干，黑胶布，验电器，尖嘴钳，螺钉旋具，花线若干，木螺钉若干，五合板或木板。

三、实训内容

（1）先把闸刀开关、吊线盒、拉线开关、圆木在五合板或木板的预定位置固定好。

闸刀开关必须使向上推时为闭合，不可倒装。

（2）把两条铝芯导线平行架设，用瓷夹板将导线固定好，并按电路用铝芯导线把闸刀开关、拉线开关和吊线盒接好，用花线把吊线盒跟灯头连接起来。拉线开关必须与火线串接，螺口灯头的螺旋套必须与地线连接。灯头和吊线盒接线时裸铜丝不能外露，以防发生短路。在闸刀开关的输入端用插头接线，接线时注意不要使接插头的两导线裸露部分相碰而发生短路。

（3）经检查无误后，在闸刀开关上接好保险丝，安上灯泡后将插头插入实验室插座内，将闸刀开关合上，拉动拉线开关，看灯泡是否发光（见图 2–22）。

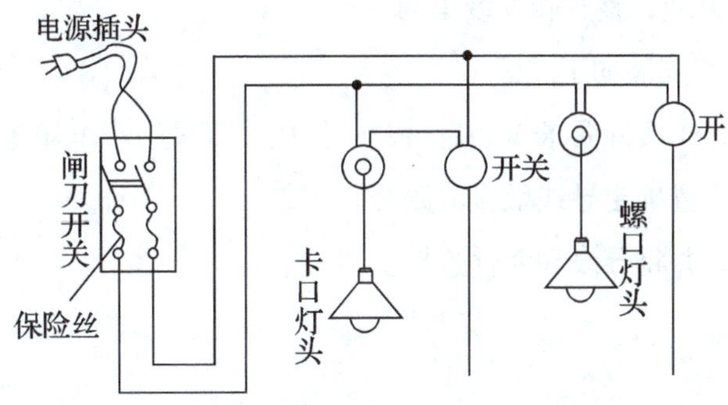

图 2–22 照明电路

（4）用验电器测试开关是否接在火线上，如果没有，可将插头调向。

（5）取下插头，拆除电路。

四、注意事项

（1）凡是导线接头处都必须用黑胶布把裸露的导线包好，不能用医用胶布代替黑胶布。因为医用胶布绝缘性能差，手触到时易发生危险。

（2）所用保险丝的额定电流不应大于 0.5 A。

（3）在拆除电路时，应首先将电源断开。严禁带电操作，以防触电。

（4）一个实验组内的学生应分工安装，有的安装灯头，有的安装闸刀开关，有的安装拉线开关，这样可节省时间。

技能实训 2.2 配电板安装及配线练习

一、实训目标

（1）掌握照明电路使用元件的选用和安装。

（2）掌握照明电路导线及其支撑物的安装。

（3）掌握照明电路整体的布局以及敷设。

二、材料清单

万用表 1 块，单相电能表 1 块，漏电保护器 1 个，220 V、10 A 闸刀开关 1 个，单相五孔插座 1 个，一位单控开关 1 个，一位双控开关 2 个，螺口平灯座 1 个，100W 灯泡 2 个，2.5 mm^2 铝塑导线若干，螺钉若干，电工常用工具 1 套。

三、实训内容

（1）照明电路安装的技术要求。室内布线不仅要使电能传送安全可靠，而且要使电路布置正规、合理、整齐和安装牢固。

（2）照明电路安装的工序。

①按设计图样（实际要求）确定灯具、插座、开关、配电箱等的位置。

②根据元件位置确定导线敷设的路径。

③敷设导线，并将导线和元件连接。

④检查电路。

⑤安装灯具。

⑥通电试运行。

（3）常用照明灯具、开关、插座及导线的安装。

①灯具的安装。

a. 灯具有插（卡）口式和螺口式两种，如图 2–23 所示。功率超过 100 W 的灯泡，一般采用螺口式灯头，因为螺口式灯头在电接触和散热方面，都要比插口式灯头好得多。白炽灯灯泡的规格有很多，按其额定工作电压可分为 6 V、12 V、24 V、36 V、110 V 和 220 V 等，其中 36 V 以下的属于低压安全灯泡。在安装灯泡时，注意灯泡的额定工作电压与电路电压必须一致。白炽灯发光效率较低，寿命也不长，但光色较受人欢迎。

（a）卡口式 （b）螺口式

图 2–23 卡口式和螺口式灯具

b. 灯座。灯座又称灯头，品种繁多。常用的灯座如图 2–13 所示，可按使用场所进行选择。

②开关的安装。开关的品种也很多，常用的开关按应用结构可分为单联开关和双

联开关；按控点可分为单控开关和双控开关；按安装方式可分为明装和暗装开关。

a. 明装开关的安装。在墙上准备安装开关的地方钻孔后安装木榫，用螺钉将开关固定。

b. 暗装开关的安装。暗装开关须预留盒洞或在安装位置凿洞，将开关盒用水泥砂浆固定。

③灯座的安装。

a. 平灯座的安装。平灯座上有两个接线柱，一个与电源的中性线连接；另一个与来自开关的一根相线连接。插口平灯座上的两个接线柱可任意连接上述两个线头，而对于螺口平灯座上的两个接线柱，为了使用安全，必须把电源中性线线头连接在连接螺纹圈的接线柱上，把来自开关的连接线的线头连接在连接中心簧片的接线柱上。

b. 吊灯座的安装。吊灯灯座必须将两根吻合的塑料软线或花线作为与挂线盒的连接线。两端均应将线头绝缘层剥去，将上端塑料软线穿入挂线盒盖孔内，打一个结，使其能承受吊灯的重量。然后把软线上端两个线头分别穿入挂线盒底座正中凸起部分的两个侧孔里，再分别接到两个接线柱上，罩上挂线盒盖。接着将下端塑料软线穿入吊灯座盖孔内，也打一个结，再把两个线头接到吊灯座上的两个接线柱上，罩上吊灯座盖即可。

④插座的安装。单相三极插座安装时，插座中接地的接线柱必须与接地线连接，不可借用中性线柱头作为接地线。

（4）照明电路的典型电路。

①插座电路电路。

a. 插座电路中必须接三根线（火线、中性线和接地线）。

b. 插座电路不能和照明灯具的电路连在一起。

c. 在低于 150 mm 的地方安装插座时要使用安全插座。

②一个开关控制一盏灯的电路，如图 2-24 所示。

a. 开关必须连接在火线上。

b. 灯座的螺旋端必须连接在中性线上。

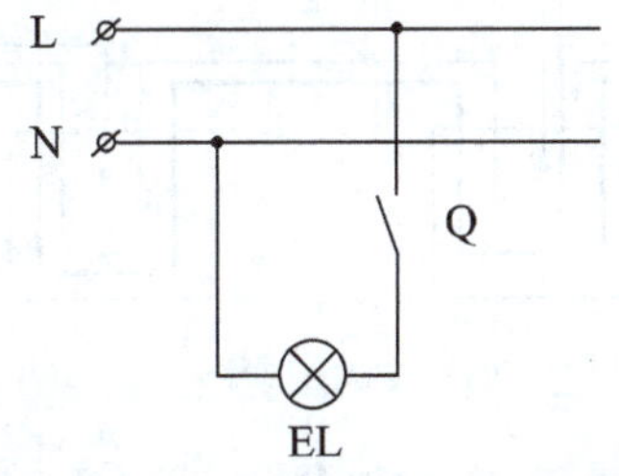

图 2-24　一个开关控制一盏灯电路

③两个开关控制一盏灯的电路，如图 2–25 所示。

a. 开关必须接在火线上。

b. 灯座的螺旋端必须接在中性线上。

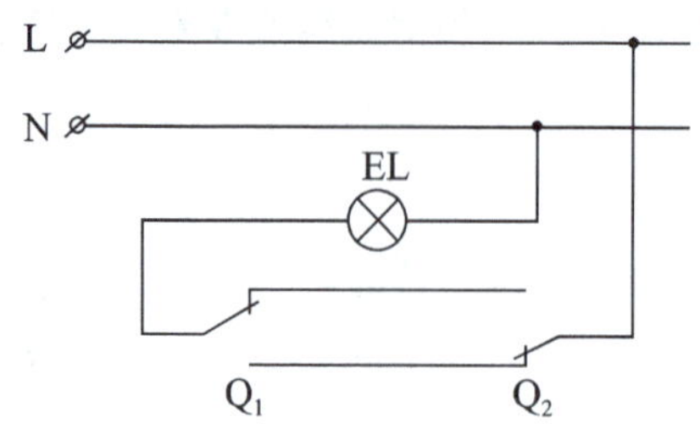

图 2–25 两个开关控制一盏灯的电路

④配电板的安装。配电板由方木板和计量仪表、总开关、熔断器、短路保护装置等元器件组成。

室内配电板安装在进户线的最近点和隐蔽点。室内配电板安装电路如图 2–26 所示。具体接线要求：

a. 布线导线分色。

b. 电路通道尽可能短、少，并行时分路集中。

c. 横平竖直，同一平面不交叉重叠，每一接线端接线不超过两根。

d. 每一个导线端头连接处有两个 90° 弯折，应不斜拉、不伤线芯。

e. 连接端点处长度为 5 ～ 12 mm，多排时不超过 24 mm。

f. 不错位、不反圈、不裸露、不压绝缘线。

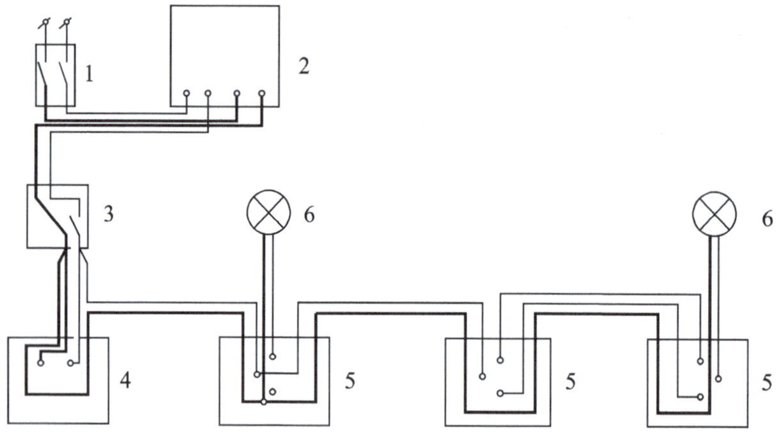

图 2–26 室内配电板安装电路

1—220 V、5 A 闸刀；2—单相电能表；3—漏电保护器；4—五孔插座；5—一位双控开关；6—灯座与灯泡

四、注意事项

（1）凡是导线接头处都必须用黑胶布把裸露的导线包好，不能用医用胶布代替黑胶布。因为医用胶布绝缘性能差，手触到时易发生危险。

（2）选用保险丝的规格应不大于 0.5 A。

（3）在拆除电路时，应首先将电源断开。严禁带电操作，以防触电。

（4）一个实验组内的学生应分工安装，有的安装灯头，有的安装闸刀有关，有的安装单控、双控开关，这样可节省时间。

维修电工职业技能鉴定要求

一、基本要求

常用材料选型知识：

（1）常用导电材料的分类及应用。

（2）常用绝缘材料的分类及应用。

（3）常用磁性材料的分类及应用。

二、维修电工（初级工、中级工）工作要求

类别	工作内容	技能要求	相关知识
初级	动力、照明及控制电路的安装与配管	1. 能根据安装对象和安装要求确定安装位置； 2. 能按规范要求进行低压电器及配电箱的安装； 3. 能进行直径 25 mm 以下电线铁管煨弯、固定、穿线； 4. 能进行电线保护管、塑料电线管的切割、穿线、连接和敷设； 5. 能采用金属线槽、拖链带保护电线电缆	1. 设备、元件的安装规范及注意事项； 2. 电线管施工规范； 3. 金属线槽、拖链带的施工规范； 4. 穿管电线安全载流量计算方法
中级	照明等低压电路的维修	1. 能进行电路绝缘测量和接地装置故障排除； 2. 能进行照明电路的检查、故障排除； 3. 能进行单相电风扇电路的检查、故障排除； 4. 能进行插座电路的检查、故障排除； 5. 能进行电能表电路的检查、故障排除	1. 日光灯等照明器具的结构与原理； 2. 照明电路的组成及其控制原理； 3. 单相、三相有功电能表的结构及原理； 4. 单相电风扇结构与原理

维修电工职业技能鉴定练习题

1. 在振动较大的场所宜采用（　）。

A. 白炽灯　　B. 荧光灯　　C. 卤钨灯　　D. 高压汞灯

2. 高压钠灯在工作时，双金属片热继电器仍处在受热状态，电流只通过（　）。

A. 放电管　　B. 热继电器　　C. 热电阻　　D. 热电阻和热继电器

3. 室外安装的低压动力绝缘电线，由于导线连接后必须进行绝缘恢复时，应使用的胶粘带品种是（　）。

A. 布绝缘胶带（黑胶布）

B. 白纱带或白丝带

C. 内包一层黄膜布或黄蜡绸，外包塑料粘胶带

D. 无底材料胶带（高压胶布）

4. 日光灯的工作原理是（　）。

A. 辉光放电　　B. 电流的热效应

C. 电流的磁效应　　D. 光电效应

5. 当高压钠灯接入电源后，电流经过镇流器、热电阻、双金属片常闭触点而形成通路，此时放电管中（　）。

A. 电流极大　　B. 电流较大　　C. 电流较小　　D. 无电流

6. 工厂电气照明按供电方式分为（　）种。

A.2　　B.3　　C.4　　D.5

项目3 电动机的拆装

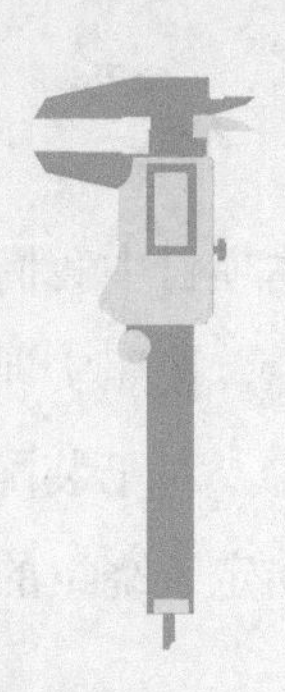

电动机是利用电磁感应原理，将电能转换为机械能并拖动生产机械工作的动力机。为了保证电动机安全、可靠地运行，电动机必须定期进行维护与修理。对电动机进行维修，不仅要掌握电动机的维护知识，使其经常处于良好的运行状态，而且要掌握异常状态的判断、故障原因的鉴别以及正确迅速地进行修复的技能。电动机按电源相数不同分为三相异步电动机和单相异步电动机。由于三相异步电动机结构简单、运行可靠、维护方便及价格便宜，因此使用最为广泛。

学习目标

一、基本目标

❶ 掌握三相、单相异步电动机的结构和工作原理。

❷ 能够进行三相、单相异步电动机的拆装。

❸ 会判断三相、单相异步电动机的首尾端。

❹ 掌握三相、单相异步电动机的接线方式。

❺ 能按照规范进行三相、单相异步电动机的通电试车。

二、提高目标

❶ 熟练掌握三相、单相异步电动机的拆装工艺。

❷ 能迅速判断出三相异步电动机的首尾端并能熟练进行通电试车。

项目描述

本项目中我们的任务是完成如下工作：

❶ 按照实训步骤对三相笼型异步电动机进行拆装、检查，并在装配后通电试验。

❷ 对于装配好的三相异步电动机定子绕组，用 36 V 交流电源法和剩磁感应法判别出定子绕组的首尾端。

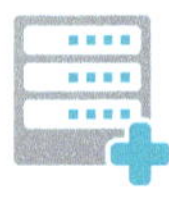

必备知识

一、三相异步电动机

实现电能与机械能相互转换的电工设备总称为电机。电机是利用电磁感应原理实现电能与机械能的相互转换。把机械能转换成电能的设备称为发电机，而把电能转换成机械能的设备称为电动机。

在生产上主要用的是交流电动机，特别是三相异步电动机，其具有结构简单、坚固耐用、运行可靠、价格低廉、维护方便等优点。三相异步电动机被广泛地用来驱动各种金属切削机床、起重机、锻压机、传送带、铸造机械、功率不大的通风机及水泵等。

对于各种电动机，我们应了解下列要点：

（1）基本构造。

（2）工作原理。

（3）表示转速与转矩之间关系的机械特性。

（4）启动、调速及制动的基本原理和基本方法。

（5）应用场合和如何正确使用。

1. 三相异步电动机的结构与工作原理

1）三相异步电动机的构造

三相异步电动机的种类很多，但各类三相异步电动机的基本结构是相同的，它们都由定子和转子这两大基本部分组成，在定子和转子之间有一定的气隙。此外，还有端盖、轴承、接线盒、吊环等其他附件。封闭式三相笼型异步电动机如图 3-1 所示。

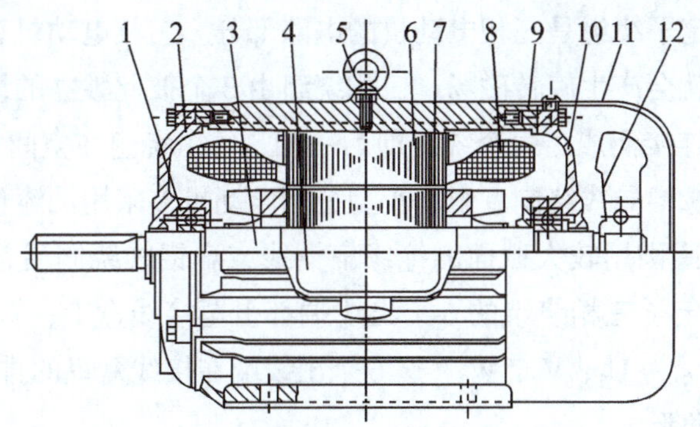

图 3-1　封闭式三相笼型异步电动机结构图

1—轴承；2—前端盖；3—转轴；4—接线盒；5—吊环；6—定子铁心；7—转子；
8—定子绕组；9—机座；10—后端盖；11—风罩；12—风扇

（1）定子。定子是用来产生旋转磁场的。三相电动机的定子一般由外壳、定子铁心、定子绕组等部分组成。

① 外壳。三相电动机外壳包括机座、端盖、轴承盖、接线盒及吊环等部件。

a. 机座：由铸铁或铸钢浇铸成型。它的作用是保护和固定三相电动机的定子绕组。中、小型三相电动机的机座还有两个端盖支承着转子，它是三相电动机机械结构的重要组成部分。通常，机座的外表要求散热性能好，所以一般都铸有散热片。

b. 端盖：用铸铁或铸钢浇铸成型。它的作用是把转子固定在定子内腔中心，使转子能够在定子中匀速旋转。

c. 轴承盖：也是铸铁或铸钢浇铸成型的。它的作用是固定转子，使转子不能轴向移动，还能起到存放润滑油和保护轴承的作用。

d. 接线盒：一般是用铸铁浇铸。其作用是保护和固定绕组的引出线端子。

e. 吊环：一般是用铸钢制造，安装在机座的上端，用来起吊、搬抬三相电动机。

② 定子铁心。异步电动机定子铁心是电动机磁路的一部分，由厚度为 0.35 ~ 0.5 mm 表面涂有绝缘漆的薄硅钢片叠压而成，如图 3-2 所示。由于硅钢片较薄而且片与片之间是绝缘的，所以减少了由于交变磁通通过而引起的铁心涡流损耗。铁心内圆有均匀分布的槽口，用来嵌放定子绕圈。

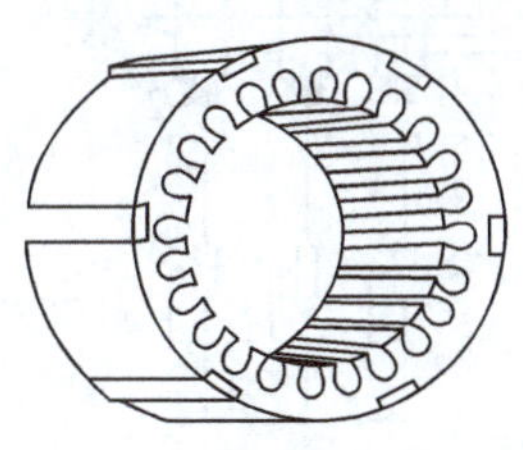
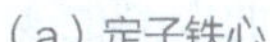
（a）定子铁心

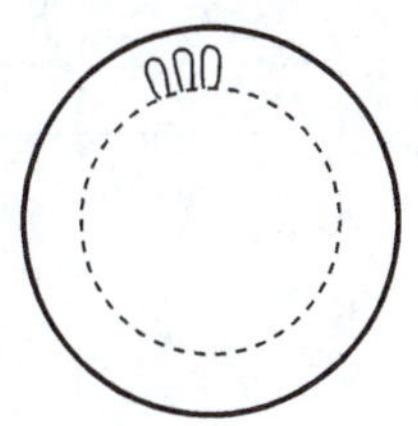
（b）定子冲片

图 3-2　定子铁心及冲片示意图

③定子绕组。定子绕组是三相电动机的电路部分。三相电动机有三相绕组，通入三相对称电流时，就会产生旋转磁场。三相绕组由 3 个彼此独立的绕组组成，且每个绕组又由若干线圈连接而成。每个绕组即为一相，每个绕组在空间相差 120°。线圈由绝缘铜导线或绝缘铝导线绕制。中、小型三相电动机多采用圆漆包线，大、中型三相电动机的定子线圈则用较大截面的绝缘扁铜线或扁铝线绕制后，再按一定规律嵌入定子铁心槽内。定子三相绕组的 6 个出线端都引至接线盒上，首端分别标为 U_1、V_1、W_1，末端分别标为 U_2、V_2、W_2。这 6 个出线端在接线盒里的排列如图 3-3 所示，可以接成星形或三角形。

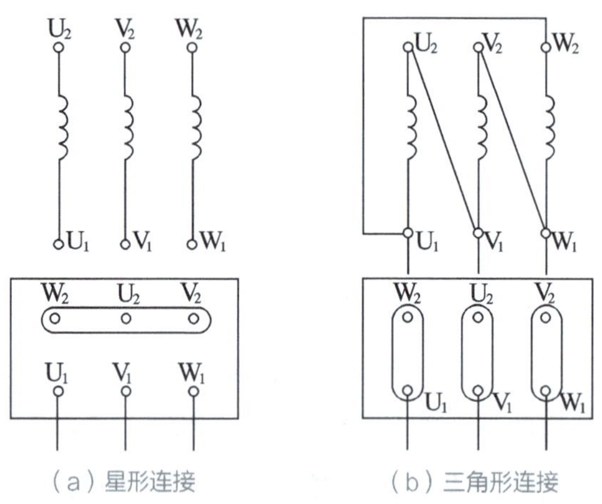

（a）星形连接　（b）三角形连接

图 3-3　定子绕组的连接

（2）转子。三相异步电动机的转子由转子铁心、转子绕组和其他部分组成。

①转子铁心。用 0.5 mm 厚的硅钢片叠压而成，套在转轴上，作用和定子铁心相同，一方面作为电动机磁路的一部分，一方面用来安放转子绕组。

②转子绕组。异步电动机的转子绕组分为绕线型与笼型两种，对应的异步电动机分别为绕线转子异步电动机与笼型异步电动机。

a. 绕线型绕组：与定子绕组一样也是一个三相绕组，一般接成星形。三相引出线分别接到转轴上的 3 个与转轴绝缘的集电环上，通过电刷装置与外电路相连，这就有可能在转子电路中串接电阻或电动势以改善电动机的运行性能，如图 3-4 所示。

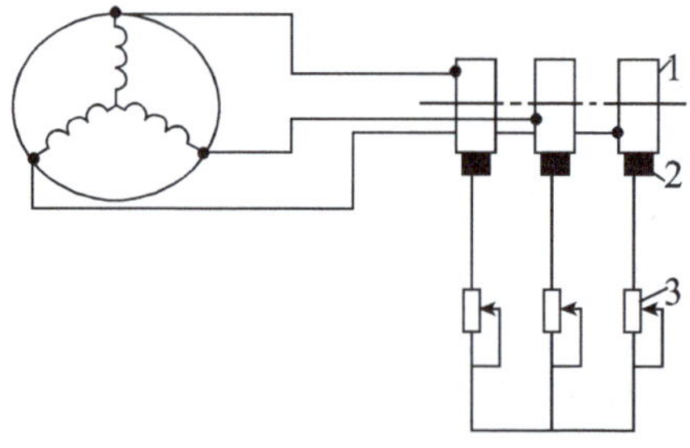

图 3-4　绕线型转子与外加变阻器的连接

1—集电环；2—电刷；3—变阻器

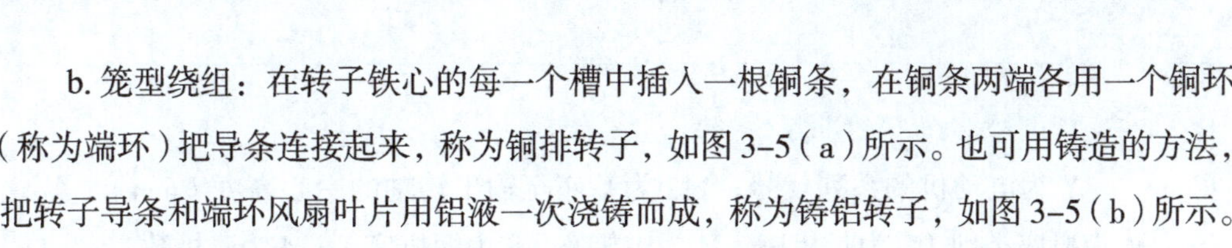

b. 笼型绕组：在转子铁心的每一个槽中插入一根铜条，在铜条两端各用一个铜环（称为端环）把导条连接起来，称为铜排转子，如图 3–5（a）所示。也可用铸造的方法，把转子导条和端环风扇叶片用铝液一次浇铸而成，称为铸铝转子，如图 3–5（b）所示。100 kW 以下的异步电动机一般采用铸铝转子。笼型异步电动机由于构造简单，价格低廉，工作可靠，使用方便，成为了生产中应用得最广泛的一种电动机。

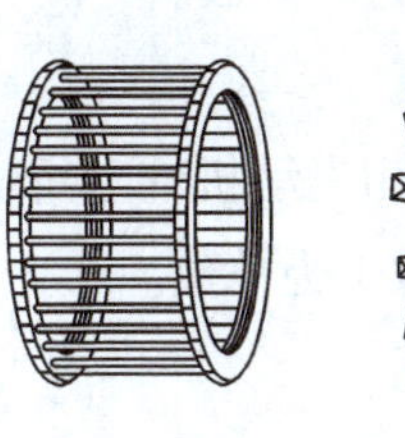

（a）铜排转子

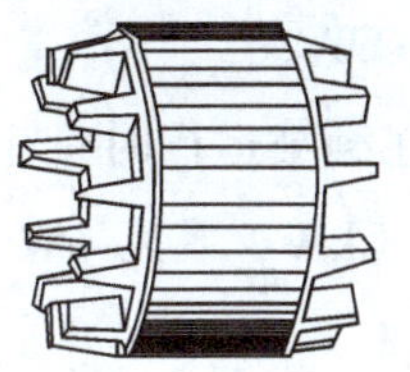

（b）铸铝转子

图 3–5　笼型转子绕组

（3）其他部分。三相异步电动机的转子的其他部分包括端盖、风扇等。端盖除了起防护作用外，在端盖上还装有轴承，用以支撑转子轴。风扇则用来通风，以冷却电动机。三相异步电动机的定子与转子之间的空气隙，一般仅为 0.2 ~ 1.5 mm。气隙太大，电动机运行时的功率因数降低；气隙太小，使装配困难，运行不可靠，高次谐波磁场增强，从而使附加损耗增加，使启动性能变差。

知识卡片

铭　牌

在三相电动机的外壳上，钉有一块牌子，称为铭牌。铭牌上注明这台三相电动机的主要技术数据，是选择、安装、使用和修理（包括重绕组）三相电动机的重要依据。铭牌的主要内容如图 3–6 所示。

三相异步电动机			
型号 Y-112M-4			编号
4.0 kW		8.8 A	
380 V	1 440 r/min	LW82 dB	
接法△	防护等级 IP44	50 Hz	45 kg
标准编号	工作制 SI	B 级绝缘	年　月
×× 电机厂			

图 3–6　三相异步电动机铭牌

1. 型号（Y-112M-4）

Y 为电动机的系列代号；112 为基座至输出转轴的中心高度（mm）；M 为机座类别（L 为长机座，M 为中机座，S 为短机座）；4 为磁极数。

旧的型号如 J02-52-4：J 为异步电动机；0 为封闭式；2 为设计序号；5 为机座号；2 为铁心长度序号；4 为磁极数。

2. 额定功率（4.0 kW）

额定功率是指在满载运行时三相电动机轴上所输出的额定机械功率，用 P_N 表示，以千瓦（kW）或瓦（W）为单位。

3. 额定电压（380 V）

额定电压是指接到电动机绕组上的线电压，用 U_N 表示。三相电动机要求所接的电源电压值的变动一般不应超过额定电压的 5%。电压过高，电动机容易烧毁；电压过低，电动机难以启动，即使启动后电动机也可能带不动负载，容易烧坏。

4. 额定电流（8.8 A）

额定电流是指三相电动机在额定电源电压下，输出额定功率时，流入定子绕组的线电流，用I_N表示，以安（A）为单位。若超过额定电流过载运行，三相电动机就会过热乃至烧毁。

三相异步电动机的额定功率与其他额定数据之间有如下关系式：

$$P_N=\sqrt{3}\,U_N I_N\ (\cos\varphi_N)\ \eta_N$$

式中 $\cos\varphi_N$——额定功率因数；

η_N——额定效率。

5. 额定频率（50 Hz）

额定频率是指电动机所接的交流电源每秒钟内周期变化的次数，用 f_N 表示。我国规定标准电源频率为 50 Hz。

6. 额定转速（1 440 r/min）

额定转速表示三相电动机在额定工作情况下运行时每分钟的转速，用 n_N 表示，一般略小于对应的同步转速 n_1。例如 n_1=1 500 r/min，n_N=1 440 r/min。

7. 绝缘等级

绝缘等级是指三相电动机所采用的绝缘材料的耐热能力，它表明三相电动机允许的最高工作温度。它与电动机绝缘材料所能承受的温度有关。A 级绝缘为 105 ℃，E 级绝缘为 120 ℃，B 级绝缘为 130 ℃，F 级绝缘为

155℃，E 级绝缘为 180℃。

8. 接法

三相电动机定子绕组的连接方法有星形（Y）和三角形（△）两种。定子绕组的连接只能按规定方法连接，不能任意改变接法，否则会损坏三相电动机。

9. 防护等级（IP44）

防护等级表示三相电动机外壳的防护等级，其中 IP 是防护等级标志符号，其后面的两位数字分别表示电机防固体和防水能力。数字越大，防护能力越强，例如 IP44 中第一位数字“4”表示电机能防止直径或厚度大于 1 mm 的固体进入电机内壳，第二位数字“4”表示能承受任何方向的溅水。

10. 定额

定额是指三相电动机的运转状态，即允许连续使用的时间，分为连续、短时、周期断续三种。

（1）连续。连续是指电动机带额定负载运行时，运行时间很长，电动机的温升可以达到稳态温升的工作方式。

（2）短时。短时是指电动机带额定负载运行时，运行时间很短，使电动机的温升达不到稳态温升；停机时间很长，使电动机的温升可以降到零的工作方式。

（3）周期断续。周期断续工作状态是指电动机带额定负载运行时，运行时间很短，使电动机的温升达不到稳态温升；停止时间也很短，使电动机的温升降不到零，工作周期小于 10 min 的工作方式。

2）三相异步电动机的转动原理

（1）基本原理。为了说明三相异步电动机的工作原理，我们做如下演示实验，如图 3-7 所示。

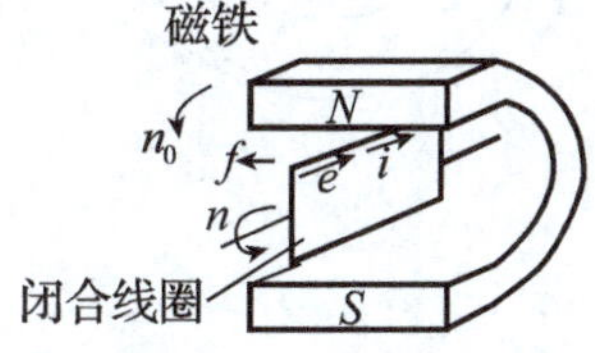

图 3-7　三相异步电动机工作原理

演示实验：在装有手柄的蹄形磁铁的两极间放置一个闭合导体，当转动手柄带动蹄形磁铁旋转时，将发现导体也跟着旋转；若改变磁铁的转向，则导体的转向也跟着改变。

现象解释：当磁铁旋转时，磁铁与闭合的导体发生相对运动，导体切割磁力线而在其内部产生感应电动势和感应电流。感应电流又使导体受到一个电磁力的作用，于是导体就沿磁铁的旋转方向转动起来，这就是异步电动机的基本转动原理。

转子转动的方向和磁极旋转的方向相同。

结论：欲使异步电动机旋转，必须有旋转的磁场和闭合的转子绕组。

（2）旋转磁场。

①旋转磁场的产生。三相定子绕组 *AX*、*BY*、*CZ* 在空间按互差 120° 的规律对称排列，并接成星形与三相电源 *U*、*V*、*W* 相连，如图 3-8 所示。三相定子绕组中周期性地通过三相对称电流。

图 3-8 三相异步电动机定子接线

随着定子绕组中的三相电流不断地作周期性变化，产生的合成磁场也不断地旋转，因此称为旋转磁场，如图 3-9 所示。

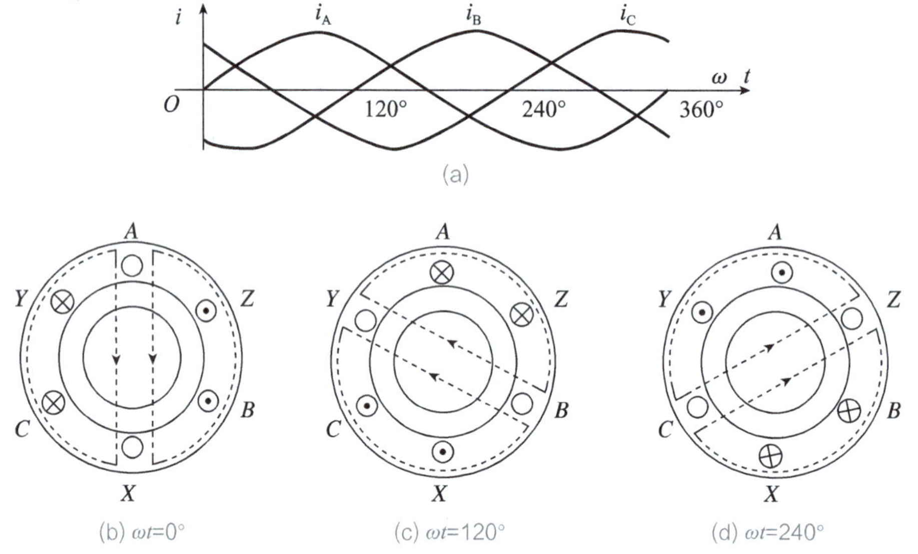

(a)

(b) ωt=0°　(c) ωt=120°　(d) ωt=240°

图 3-9 旋转磁场的形成

②旋转磁场的方向。旋转磁场的方向是由三相绕组中电流相序决定的，若想改变旋转磁场的方向，只要改变通入定子绕组的电流相序，即将三根电源线中的任意两根对调即可。这时转子的旋转方向也跟着改变。

（3）三相异步电动机的极数与转速。

① 极数（磁极对数 p）。三相异步电动机的极数就是旋转磁场的极数。旋转磁场的极数和三相绕组的安排有关。

p=1：每相绕组只有一个线圈，绕组之间相差 120° 空间角；

p=2：每相绕组有两个线圈串联，绕组之间相差 60° 空间角；

p=3：每相绕组有 3 个线圈串联，绕组之间相差 40° 空间角。

极数 p 与绕组的始端之间的空间角 θ 的关系为：

$$\theta=\frac{120°}{p}$$

②转速 n。三相异步电动机旋转磁场的转速 n_0 与电动机磁极对数 p 有关，它们的关系如下：

$$n_0=\frac{60f_1}{p} \tag{3-1}$$

由式（3–1）可知，旋转磁场的转速 n_0 决定于电流频率 f_1 和磁场的极数 p。对某一异步电动机而言，f_1 和 p 通常是一定的，所以磁场转速 n_0 是个常数。

在我国，工频 f_1=50 Hz，因此对应于不同极数 p 的旋转磁场转速 n_0 如表 3–1 所示。

表 3–1 极数 p 与转速 n_0 的关系

变 量	数 值					
p	1	2	3	4	5	6
n_0	3 000	1 500	1 000	750	600	500

以上所述电动机转子转动方向与磁场旋转的方向相同，但转子的转速 n 不可能与旋转磁场的转速 n_0 相同，否则转子与旋转磁场之间就没有相对运动，因而磁力线就不切割转子导体，转子电动势、转子电流以及转矩也就都不会存在。我们把旋转磁场与转子之间存在转速差的电动机称为异步电动机。因为这种电动机的转动原理是建立在电磁感应基础上的，故又称感应电动机。

旋转磁场的转速 n_0 常称为同步转速。电动机额定转速 n 与 n_0 的关系为：

$$n=(1-s)n_0 \tag{3-2}$$

其中 s 称为转差率。s 是用来表示转子转速 n 与磁场转速 n_0 相差程度的物理量。

$$s=\frac{n_0-n}{n_0}=\frac{\Delta n}{n_0} \tag{3-3}$$

转差率是异步电动机的一个重要的物理量，在额定工作状态下通常为 0.015~0.06。

【例】有一台三相异步电动机，其额定转速 n=975 r/min，电源频率 f=50 Hz，求电动机的极数和额定负载时的转差率 s。

解：由于电动机的额定转速接近而略小于同步转速，而同步转速对应于不同的磁极对数有一系列固定的数值。显然，与 975 r/min 最相近的同步转速为 n_0=1 000 r/min，与此相应的磁极对数 p=3。因此，额定负载时的转差率为：

$$s=\frac{n_0-n}{n_0}\times 100\%=\frac{1\,000-975}{1\,000}\times 100\%=2.5\%$$

2. 三相异步电动机的转矩特性与机械特性

1）电磁转矩（简称转矩）

异步电动机的转矩 T 的计算公式如下：

$$T=K_T \Phi I_2 \cos\varphi_2 \tag{3-4}$$

式中 T——电磁转矩；

K_T——与电机结构有关的常数；

Φ——旋转磁场每个极的磁通量；

I_2——转子绕组电流的有效值；

φ_2——转子电流滞后于转子电动势的相位角。

若考虑电源电压及电动机的一些参数与电磁转矩的关系，式（3-4）修正为：

$$T=K_T'\frac{sR_2U_1^2}{R_2^2+(sX_{20})^2} \tag{3-5}$$

式中 K_T'——常数；

s——转差率；

R_2——转子每相绕组的电阻；

U_1——定子绕组的相电压；

X_{20}——转子静止时每相绕组的感抗。

由上式可知，转矩 T 还与定子每相电压 U_1 的平方成比例，所以当电源电压有所变动时，对转矩的影响很大。此外，转矩 T 还受转子电阻 R_2 的影响。

2）机械特性曲线

在一定的电源电压 U_1 和转子电阻 R_2 下，电动机的转矩 T 与转差率 n 之间的关系曲线 $T=f(s)$ 或转速与转矩的关系曲线 $n=f(T)$，称为电动机的机械特性曲线，它可根据式（3-4）得出，如图 3-10 所示。

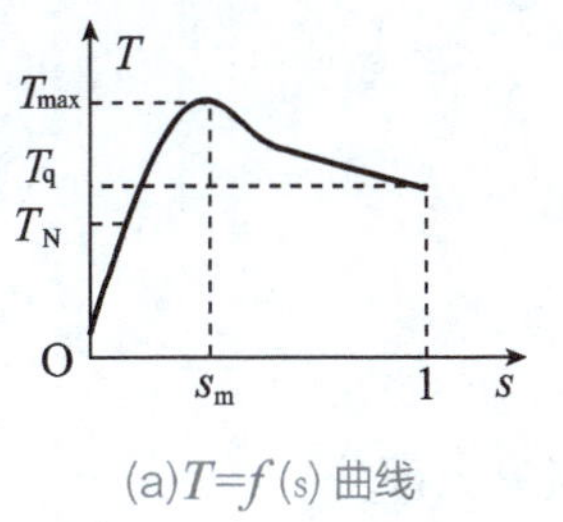

(a) $T=f(s)$ 曲线

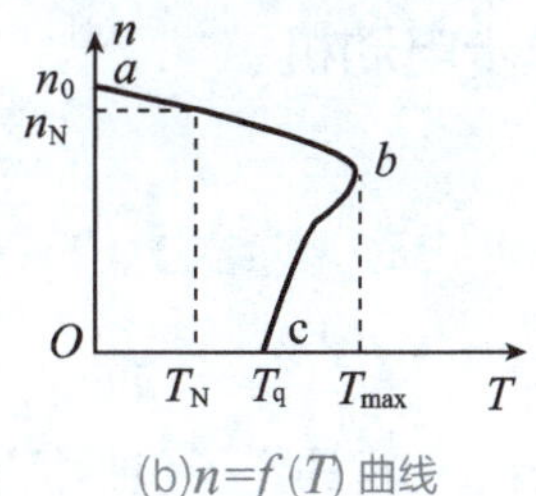

(b) $n=f(T)$ 曲线

图 3-10　三相异步电动机的机械特性曲线

在机械特性曲线上，我们要讨论如下 3 个转矩：

（1）额定转矩 T_N。额定转矩 T_N 是异步电动机带额定负载时，转轴上的输出转矩，即

$$T_N=9\,550\times\frac{P_2}{n} \tag{3-6}$$

式中　T_N——转矩（N·m）；

P_2——电动机轴上输出的机械功率；

n——转速（N/min）。

当忽略电动机本身的机械摩擦转矩 T_0 时，阻转矩近似为负载转矩 T_L，电动机作等速旋转时，电磁转矩 T 必与阻转矩 T_L 相等，即 $T=T_L$。额定负载时，则有 $T_N=T_L$。

（2）最大转矩 T_m。T_m 又称为临界转矩，是电动机可能产生的最大电磁转矩。它反映了电动机的过载能力。

最大转矩的转差率为 s_m，此时的 s_m 称为临界转差率，如图 3-10（a）所示。

最大转矩 T_m 与额定转矩 T_N 之比称为电动机的过载系数 λ，即

$$\lambda=\frac{T_m}{T_N}$$

一般三相异步电动机的过载系数 λ 在 1.8 ~ 2.2 之间。

在选用电动机时，必须考虑可能出现的最大负载转矩，而后根据所选电动机的过载系数算出电动机的最大转矩，它必须大于最大负载转矩。否则，应重选电动机。

（3）启动转矩 T_{st}。T_{st} 为电动机启动初始瞬间的转矩，即 $n=0$，$s=1$ 时的转矩。

为确保电动机能够带额定负载启动，必须满足 $T_{st}>T_N$。对于一般的三相异步电动机，有 $T_{st}/T_N=12.2$。

3）电动机的负载能力自适应分析

电动机在工作时，它所产生的电磁转矩 T 的大小能够在一定的范围内自动调整，以适应负载的变化，这种特性称为自适应负载能力。

二、单相异步电动机

1. 单相异步电动机的结构

1）定子

单相异步电动机的定子包括机座、铁心、绕组三大部分。

（1）机座。采用铸铁、铸铝或钢板制成，其结构型式主要取决于电动机的使用场合及冷却方式。单相交流异步电动机的机座型式一般有开启式、防护式和封闭式等类型。开启式结构的定子铁心和绕组外露，由周围空气流动自然冷却，多用在一些与整机装成一体的场合，例如洗衣机等。防护式结构是在电动机的通风路径上开有一些必要的通风孔道，而电动机的铁心和绕组则被机座遮盖着。封闭式结构是整个电动机采用密闭方式，电动机的内部和外部隔绝，防止外界的侵蚀与污染，电动机主要通过机座散热，当散热能力不足时，外部再加风扇冷却。

此外，有些专用单相异步电动机可以不用机座，直接把电动机与整机装成一体，例如电钻、电锤等手提电动工具中的单相异步电动机。

（2）铁心。定子铁心多用铁损小、导磁性能好，厚度一般为 0.35 ~ 0.5 mm 的硅钢片冲槽叠压而成。定、转子冲片上都均匀冲槽。由于单相异步电动机定、转子之间气隙比较小，一般为 0.2 ~ 0.4 mm。为减小开槽所引起的电磁噪声和齿谐波附加转矩等的影响，定子槽口多采用半闭口形状。转子槽为闭口或半闭口，并且常采用转子斜槽来降低定子齿谐波的影响。集中式绕组罩极单相电动机的定子铁心则采用凸极形状，也用硅钢片冲制叠压而成。

（3）绕组。单相异步电动机的定子绕组，一般都采用两相绕组的形式，即主绕组和辅助绕组。主、辅绕组的轴线在空间相差 90°，两相绕组的槽数、槽形、匝数可以是相同的，也可以是不同的。一般主绕组占定子总槽数的 2/3，辅助绕组占定子总槽数的 1/3，具体应视各种电动机的要求而定。

单相异步电动机中常用的定子绕组形式有单层同心式绕组、单层链式绕组、双层叠式绕组和正弦绕组。罩极式电动机的定子多为集中式绕组，罩极极面的一部分上嵌有短路铜环式的罩极线圈。

2）转子

单相异步电动机的转子主要由转轴、铁心、绕组三部分组成。

（1）转轴。转轴常用含碳轴钢车制而成，两端安置用于转动的轴承。单相异步电动机常用的轴承有滚动和滑动两种，一般小容量的电动机都采用含油滑动轴承，其具有结构简单、噪声小等优点。

（2）铁心。转子铁心的制作过程是先用与定子铁心相同的硅钢片冲制，然后将冲有齿槽的转子铁心叠装后压入转轴。

（3）绕组。单相异步电动机的转子绕组一般有两种类型，即笼型和电枢型。笼型转子绕组是用铝或者铝合金一次铸造而成，它广泛应用于各种单相异步电动机。电枢型转子绕组则采用与直流电动机相同的分布式绕组形式，按叠绕或波绕的接法将线圈的首、尾端经换相器连接成一个整体的电枢绕组。电枢式转子绕组主要用于单相异步串励直流电动机。

3）启动装置

除电容运转式电动机和罩极式电动机外，一般单相异步电动机在启动结束后，辅助绕组都必须脱离电源，以免烧坏。因此，为保证单相异步电动机的正常启动和安全运行，应配有相应的启动装置。

启动装置的类型有很多，主要分为离心开关和启动继电器两大类。图 3-11 所示为离心开关的结构示意图。离心开关包括旋转部分和固定部分，旋转部分装在转轴上，固定部分装在前端盖内。它有一个随转轴一起转动的部件——离心块。当电动机转子达到额定转速的 70% ~ 80%时，离心块的离心力大于弹簧对动触点的压力，使动触点与静触点脱开，从而切断辅助绕组的电源，让电动机的主绕组单独留在电源上正常运行。

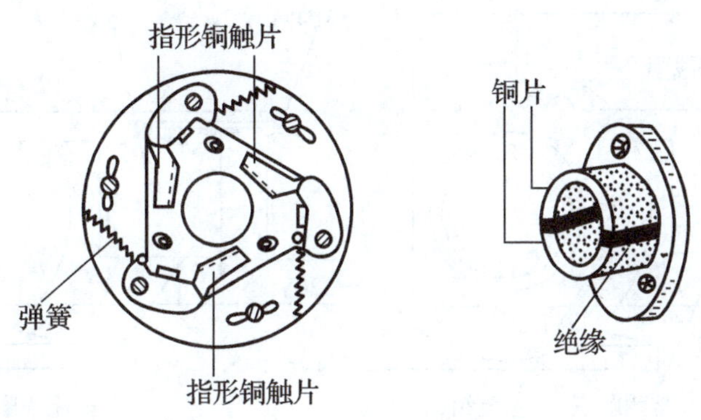

图 3-11 离心开关结构示意图

离心开关结构较为复杂，容易发生故障，甚至烧毁辅助绕组。而且开关整个安装在电动机内部，出现故障检修也不方便。因此，现在的单相异步电动机已较少使用离心开关作为启动装置，转而采用多种多样的启动继电器。启动继电器一般装在电动机机壳上面，检查、维修都很方便。常用的继电器有电压型、电流型和差动型三种类型，下面分别介绍其工作原理。

（1）电压型启动继电器。电压型启动继电器的原理如图 3–12 所示。继电器的电压线圈跨接在电动机的辅助绕组上，常闭触点串联在辅助绕组的电路中。接通电源后，主、辅助绕组中都有电流通过，电动机开始启动。由于跨接在辅助绕组上的电压线圈，其阻抗比辅助绕组大，故电动机在低速时，通过电压线圈中的电流很小。随着转速升高，辅助绕组中的反电动势逐渐增大，使得电压线圈中的电流也逐渐增大，当达到一定数值时，电压线圈产生的电磁力克服弹簧的拉力使常闭触点断开，中断了辅助绕组与电源的连接。由于启动用辅助绕组内的感应电动势，使电压线圈中仍有电流通过，故保持触点在断开位置，从而保证电动机在正常运行时辅助绕组不会接上电源。

（2）电流型启动继电器。电流型启动继电器的原理如图 3–13 所示。继电器的电流线圈与电动机主绕组串联，常开触点与电动机辅助绕组串联。电动机未接通电源时，常开触点在弹簧压力的作用下处于断开状态。当电动机启动时，比额定电流大几倍的启动电流流经继电器线圈，使继电器的铁心产生极大的电磁力，足以克服弹簧压力使常开触点闭合，使辅助绕组的电源接通，电动机启动，随着转速上升，电流减小。当转速达到额定值的 70% ~ 80% 时，主绕组内电流减小。这时继电器电流线圈产生的电磁力小于弹簧压力，常开触点又被断开，辅助绕组的电源被切断，启动完毕。

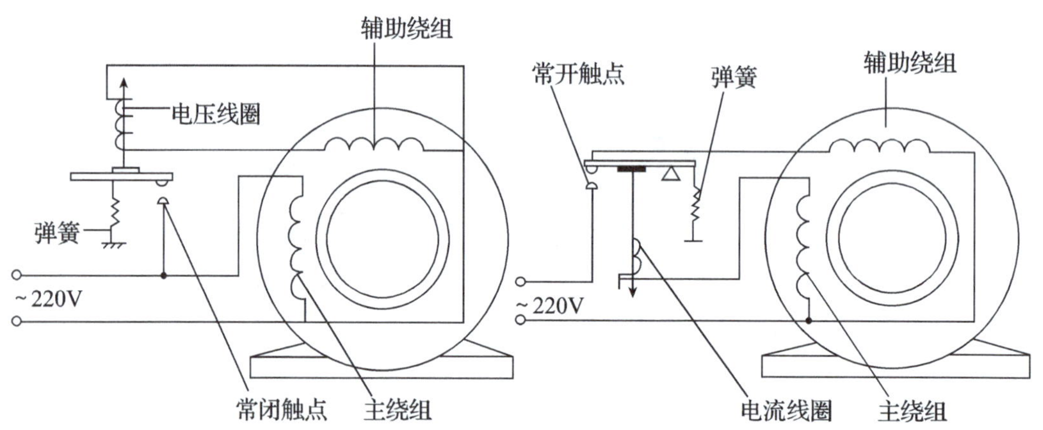

图 3–12　电压型启动继电器原理图　　图 3–13　电流型启动继电器原理图

（3）差动型启动继电器。差动型启动继电器的原理如图 3–14 所示。差动型启动继电器有电流和电压两个线圈，因而工作更为可靠。电流线圈与电动机的主绕组串联，电压线圈经过常闭触点与电动机的辅助绕组并联。当电动机接通电源时，主绕组和电流线圈中的启动电流很大，使电流线圈产生的电磁力足以保证触点能可靠闭合。启动以后电流逐步减小，电流线圈产生的电磁力也随之减小。于是电压线圈的电磁力使触点断开，切除了辅助绕组的电源。

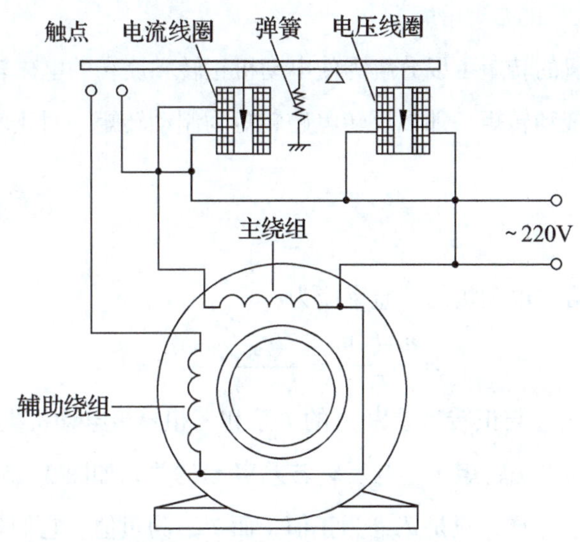

图 3-14 差动型启动继电器原理图

2. 单相异步电动机的应用

单相异步电动机是用单相交流电源供电的一类驱动用电动机，具有结构简单、成本低廉、运行可靠及维修方便等一系列优点。特别是因为它可以直接使用普通民用电源，所以广泛应用于各行各业和人们的日常生活中，作为各类工农业生产工具、日用电器、仪器仪表、商业服务、办公用具和文教卫生设备中的动力源，与人们的工作、学习和生活密切相关。

与容量相同的三相异步电动机相比，单相异步电动机的体积较大，运行性能也较差，所以单相异步电动机通常只做成小型的，其容量从几瓦到几百瓦。由于只需要单相交流 220 V 电源电压，故使用方便、应用广泛，并且有噪声小、对无线电系统干扰小等优点，因而多用在小型动力机械和家用电器等设备上，例如电钻、小型鼓风机、医疗器械、风扇、洗衣机、冰箱、冷冻机、空调机、吸油烟机、电影放映机及家用水泵等，是日常现代化设备中必不可少的动力源。

在工业上，单相异步电动机也常用于通风与锅炉设备以及伺服机构上。

3. 单相异步电动机的磁场

单相交流电流是随时间按正弦规律变化的电流，因此，它所产生的磁场的强弱和方向像正弦电流一样，随时间按正弦规律做周期性变化，即当某一瞬间电流为零时，电动机气隙中的磁感应强度也等于零。电流增大时，磁感应强度也随着增强。电流方向相反时，磁场方向也跟着反过来。但是在任何时刻，磁场不会旋转，这样的磁场称为脉振磁场。

4. 单相异步电动机的力矩特点

单相异步电动机的转矩可以分解为使电动机正转和反转的电磁转矩 T_{em+} 和 T_{em-}。正转电磁转矩若为拖动转矩，那么反转电磁转矩为制动转矩。对正转磁场而言，电动机的转差率为：

$$s_+=\frac{n_0-n}{n_0}$$

对反转磁场而言，电动机的转差率应为：

$$s_-=\frac{n_0-(-)n}{n_0}=\frac{2n_0-(n_0-n)}{n_0}=2-s_+$$

正转电磁转矩 T_{em+} 与正转转差率 s_+ 的关系和三相异步电动机类似，如图 3–15 中的曲线 1 所示。反转电磁转矩 T_{em-} 与反转转差率 s_- 的关系如图 3–15 中的曲线 2 所示，曲线形状和 T_{em+} 完全一样，只是 T_{em+} 为正值，而 T_{em-} 为负值，它们相对于原点对称。

电动机的合成电磁转矩为 $T_{em}=T_{em+}+T_{em-}$，如图 3–15 中的曲线 3 所示。

从图 3–15 所示的 $T_{em}-s$ 曲线可看出，单相异步电动机有两个特性：

（1）电动机不转时，$n=0$，即 $s_+=s_-=1$ 时，合成转矩 $T_{em+}+T_{em-}=0$，电动机无启动转矩。

（2）如果施加外力使电动机向正转或反转方向转动，即 s_+ 或 s_- 不为 1 时，这样合成电磁转矩不等于零，此时即使去掉外力，电动机仍会在电磁转矩的作用下被加速到接近同步转速 n_0。

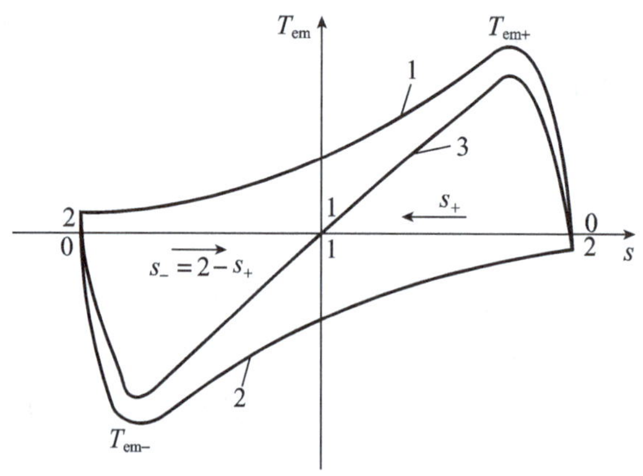

图 3–15 单相异步电动机的 $T_{em}-s$ 曲线

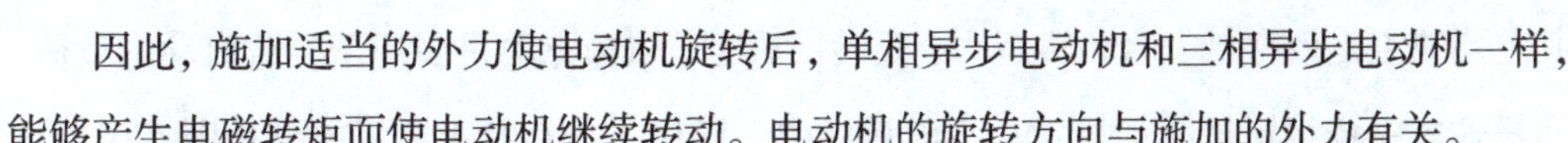

因此，施加适当的外力使电动机旋转后，单相异步电动机和三相异步电动机一样，能够产生电磁转矩而使电动机继续转动。电动机的旋转方向与施加的外力有关。

5. 单相异步电动机的启动方法

从前面的分析我们知道，单相异步电动机不能自行启动，而必须依靠外力来完成启动过程。不过它一旦启动即可朝启动方向连续不停地运转下去。根据启动方式的不同，单相异步电动机可以分为许多不同的型式，常用的有单相罩极式电动机、单相分相式电动机和单相电容式电动机。

1）单相罩极式电动机

单相罩极式电动机的结构如图 3-16 所示，定子上有凸出的磁极，主绕组就安置在这个磁极上。在磁极表面约 1/3 处开有一个凹槽，将磁极分成为大小两部分，在磁极小的部分套着一个短路铜环，将磁极的一部分罩了起来，称为罩极，它相当于一个副绕组。当定子绕组中接入单相交流电源后，磁极中将产生交变磁通，穿过短路铜环的磁通，在铜环内产生一个相位上滞后的感应电流。由于这个感应电流的作用，磁极被罩部分的磁通不但在数量上和未罩部分不同，而且在相位上也滞后于未罩部分的磁通。这两个在空间位置不一致，而在时间上又有一定相位差的交变磁通，就在电动机气隙中构成脉动变化近似的旋转磁场。这个旋转磁场切割转子后，就使转子绕组中产生感应电流。载有电流的转子绕组与定子旋转磁场相互作用，转子得到启动转矩，从而使转子由磁极未罩部分向被罩部分的方向旋转。

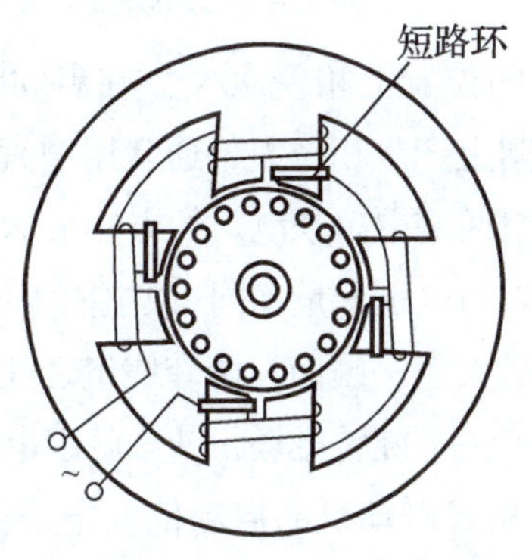

图 3-16　单相罩极式电动机结构示意图

罩极式电动机也有将定子铁心做成隐极式的，槽内除主绕组外，还嵌有一个匝数较少，与主绕组错开一个电角度，且自行短路的辅助绕组。

罩极电动机具有结构简单、制造方便、造价低廉、使用可靠、故障率低的特点。

其主要缺点是效率低、启动转矩小、反转困难等。罩极电动机多用于轻载启动的负荷，凸极式集中绕组罩极电动机常用于电风扇中。隐极式分布绕组罩极电动机则多用于小型鼓风机、油泵中。

2）单相分相式电动机

单相分相式电动机又称电阻启动异步电动机，其构造简单，主要由定子、转子和离心开关三部分组成。转子为笼型结构，定子采用齿槽式，如图 3–17 所示。定子铁心上面布置有两套绕组，运行用的主绕组使用较粗的导线绕制，启动用的副绕组用较细的导线绕制。一般主绕组占定子总槽数的 2/3，辅助绕组占定子总槽数的 1/3。辅助绕组只在启动过程中接入电路，当电动机达到额定转速的 70% ~ 80%时，离心开关就将辅助绕组从电源电路断开，这时电动机进入正常运行状况。

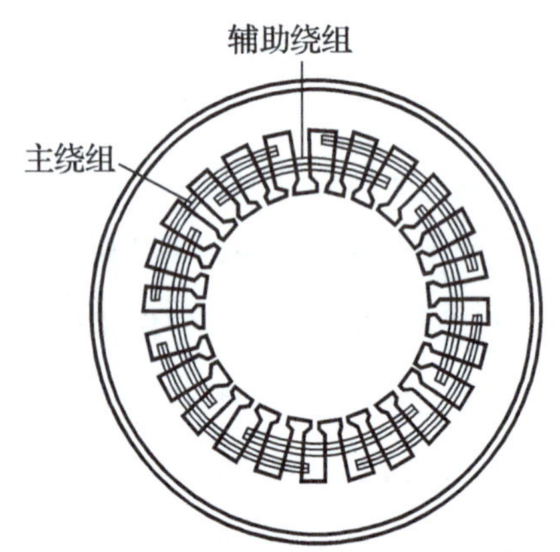

图 3–17　分相式电动机的定子示意图

主绕组和辅助绕组在空间位置上相差 90°。在启动时为了使启动用辅助绕组电流与运行用主绕组电流在时间上产生相位差，通常用增大辅助绕组本身的电阻（例如采用细导线），或在辅助绕组回路中串联电阻的方法来达到，即电阻分相式。

由于这两套绕组中的电阻与电抗分量不同，故电阻大电抗小的辅助绕组中的电流，比主绕组中的电流先期达到最大值。因而在两套绕组之间出现了一定的相位差，形成了两相电流。结果就建立起了一个旋转磁场，转子就因电磁感应作用而旋转。

我们已经知道，单相分相式电动机的启动依赖定子铁心上相差 90° 的主、辅助绕组来完成。要使主、辅助绕组间的相位差足够大，就要求辅助绕组选用细导线来增加电阻。因而辅助绕组导线的电流密度都比主绕组大，故只能短时工作。启动完毕后必须立即与电源切断，如果超过一定时间，辅助绕组就可能因发热而烧毁。

单相分相式电动机的启动，可以用离心开关或多种类型的启动继电器去完成。图 3–18 所示即为用离心开关启动的单相分相式电动机接线图。

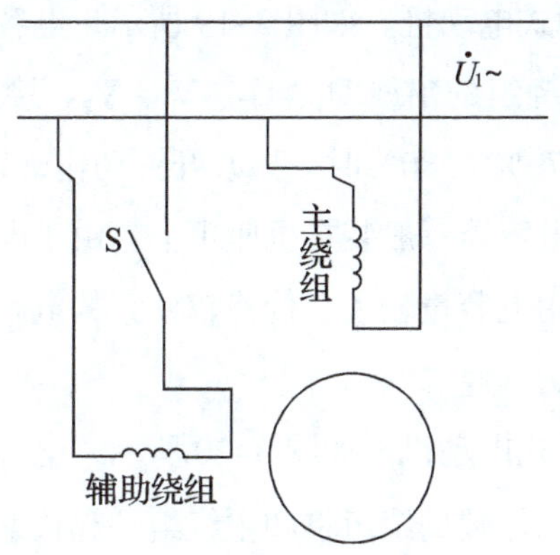

图 3–18　分相式电动机的接线图

单相分相式电动机具有构造简单、价格低廉、故障率低、使用方便的特点。单相分相式电动机的启动转矩一般是满载转矩的两倍，因此它的应用范围很广，例如作为电冰箱、空调机的配套电动机。单相分相式电动机具有中等启动转矩和过载能力，也适用于低惯量负载、不经常启动、负载可变而要求转速基本不变的场合，例如用于小型车床、鼓风机、医疗器械等。

3）单相电容式电动机

单相电容式电动机包括电容启动式、电容运转式和电容启动与运转式三种类型。单相电容式电动机和同样功率的单相分相式电动机，在外形尺寸，定、转子铁心，绕组，机械结构等方面基本相同，只是添加了 1 ~ 2 个电容器。

我们已经知道，单相异步电动机中，它的定子有两套绕组，且在空间位置上相隔 90°。因此在启动时，接入在时间上具有不同相位的电流后，产生了一个近似两相的旋转磁场，从而使电动机转动。在分相式电动机中，主绕组电阻较小而电抗较大，辅助绕组则电阻较大而电抗较小，也就是利用这个原理。因此辅助绕组中的电流大致与电路电压是同相位的。而实际上，每套绕组的电阻和电抗不可能完全减少为零，所以两套绕组中电流 90° 的相位差是不可能获得的。从实用角度考虑，只要相位差足够大时，就能产生近似的两相旋转磁场，从而使转子转动起来。

如果在单相电容式电动机的辅助绕组中串联一个电容器，它的电流在相位上就将比电路电压超前。将绕组和电容器容量适当设计，两套绕组就完全可以达到 90° 相位差的最佳状况，这样就改进了电动机的性能。但实际上，启动时定子中的电流关系还随转子的转速而改变。因此，要使它们在这段时间内仍有 90° 的相位差，电容器电容量的大小就必须随转速和负载而改变，显然这种办法实际上是做不到的。由于这个原因，根据电动机所拖动的负载特性而将电动机做适当设计，这样就产生了三种型式的单相电容式电动机。

（1）单相电容启动式电动机。如图 3–19 所示，电容器经过离心开关接入到启动用辅助绕组，主、辅助绕组的出线 U_1、U_2、V_1、V_2。接通电源，电动机即行运转。当转速达到额定转速的 70% ~ 80%时，离心开关动作，切断辅助绕组的电源。

在此类电动机中，电容器一般装在机座顶上。由于电容器只在极短的几秒钟启动时间内才工作，故可采用电容量较大、价格较便宜的电解电容器。为加大启动转矩，其电容量可适当选大些。

（2）单相电容运转式电动机。如图 3–20 所示，电容器与启动用副绕组中没有串联启动装置，因此电容器与辅助绕组将和主绕组一起长期运行在电源电路上。在这类电动机中，要求电容器能长期耐较高的电压，故必须使用价格较贵的纸介质或油浸纸介质电容器，而绝不能采用电解电容器。

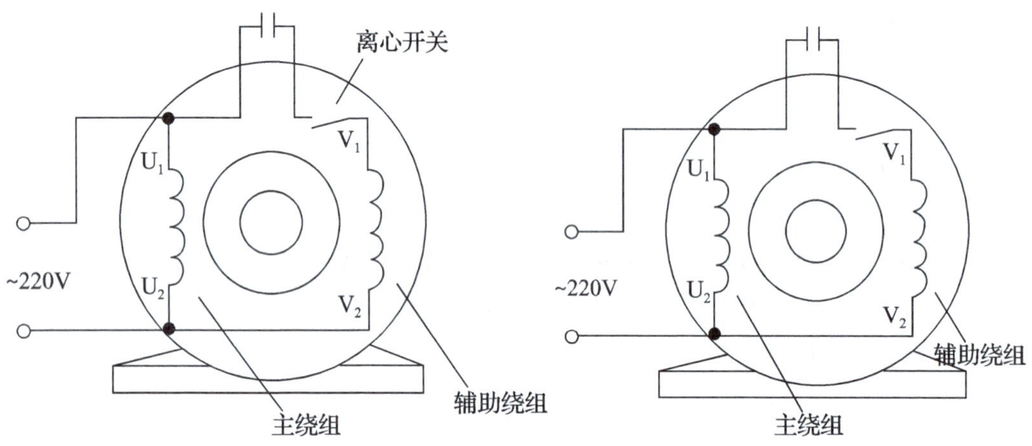

图 3–19　单相电容启动式电动机原理图　　图 3–20　单相电容运转式电动机原理图

电容运转式电动机省去了启动装置，从而简化了电动机的整体结构，降低了成本，提高了运行可靠性。同时由于辅助绕组也参与运行，这样就实际增加了电动机的输出功率。

（3）单相电容启动与运转式电动机。如图 3–21 所示，此类电动机兼有电容启动和电容运转两种电动机的特点。启动用辅助绕组经过运行电容 C_1 与电源接通，并经过离心开关与容量较大的启动电容 C_2 并联。接通电源时，电容器 C_1 和 C_2 都串联接在启动绕组回路中。这时电动机开始启动，当转速达到额定转速的 70% ~ 80%时，离心开关 S 动作，使将启动电容 C_2 从电源电路切除，而运行电容 C_1 则仍留在电路中运行。

在电容启动与运转式电动机中，也可以不用两个电容量不同的电容器，而用一只自耦变压器，如图 3-22 所示。启动时跨接电容器两端的电压增高，使电容器的有效容量比运转时大 4 ~ 5 倍。这种电动机用的离心开关是双掷式的，电动机启动后，离心开关接至 S 点，降低了电容器的电压和等效电容量，以适应运行的需要。

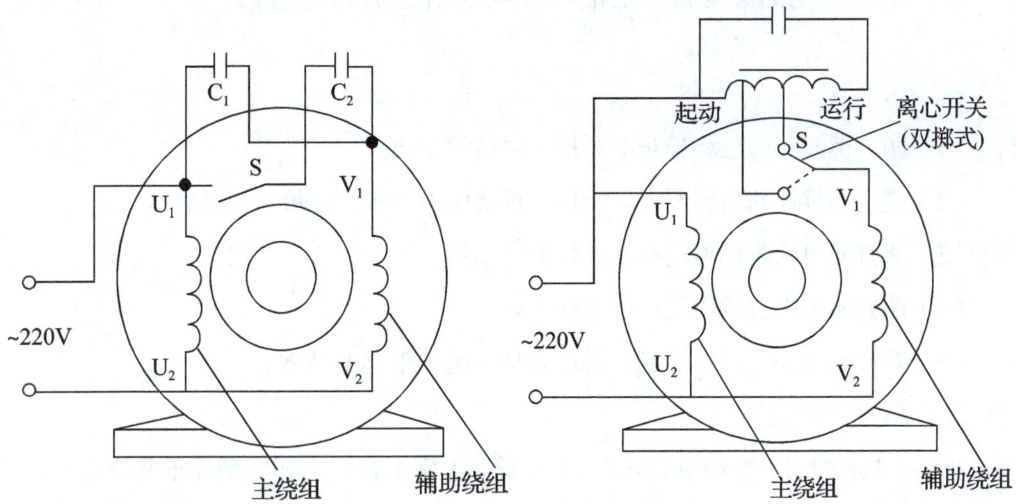

图 3-21 单相电容启动与运转式电动机原理图 图 3-22 电容器和自耦变压器组合启动原理图

显然，此类电动机的缺点是其需要使用两个电容器，又要装启动装置，因而结构复杂，并且增加了成本。

三种单相电容式电动机的特性及用途综述如下：

（1）单相电容启动式电动机。这种电动机具有较高的启动转矩，一般达到满载转矩的 3 ~ 5 倍，故适用于满载启动的场合。由于它的电容器和副绕组只在启动时接入电路，所以它的运转都与同样大小并有相同设计的单相分相式电动机基本相同。单相电容启动式电动机多用于电冰箱、水泵、小型空气压缩机及其他需要满载启动的电器、机械中。

（2）单相电容运转式电动机。这种电动机的启动转矩较低，但功率因数和效率均比较高。它体积小、重量轻、运行平稳、振动与噪声小、可反转、能调速，适用于直接与负载连接的场合。例如用于电风扇、通风机及各种空载或轻载启动的机械中，但不适用于空载或轻载运行的负载。

（3）单相电容启动与运转式电动机。这种电动机具有较好的启动性能，较高的功率因数、效率和过载能力，可以调速。其适用于带负载启动和要求低噪声的场合，例如用于小型机床、水泵及家用电器等中。

技能实训

技能实训 三相异步电动机的拆装与检修

一、实训目标

（1）两人拆卸一台三相异步电动机，并填写记录。

（2）按定期维修的内容要求，检修所拆装的电动机，并填写记录表。

（3）能判断出因跑单相运行而烧坏的电动机。

（4）能判断出因过载而烧坏的电动机。

（5）表现出细心、精益求精、团队合作、爱护工具的品质。

二、实训器具及材料

拆装工具：拉具、纯铜棒、锤子、钢套筒、毛刷 1 套；三相笼型异步电动机 1 只；万用表 1 块。

三、实训内容

对电动机进行定期保养、维护和检修时，需要将其拆装。如果拆装方法不当，就会造成部分部件损坏，引发新的故障。因此，正确拆装电动机是确保维修质量的前提。在学习维修电动机时，应优先学会正确的拆装技术。

1. 三相异步电动机的拆卸

1）拆卸前的准备

（1）切断电源，拆开电动机与电源连接线，并做好与电源线相对应的标记，以免恢复时将相序弄错，还需把电源线的线头做绝缘处理。

（2）备齐拆卸工具，特别是拉具、套筒等专用工具。

（3）熟悉被拆电动机的结构特点及拆装要领。

（4）测量并记录联轴器或带轮与轴台间的距离。

（5）标记电源线在接线盒中的相序、电动机的出轴方向及引出线在机座上的出口方向。

2）拆卸步骤

以图 3-23 所示方法，简述拆卸步骤：

（1）卸下带轮或联轴器，拆电动机尾部风扇罩，如图 3-23（a）所示。

（2）卸下定位键或螺钉，并拆下风扇，如图 3-23（b）所示。

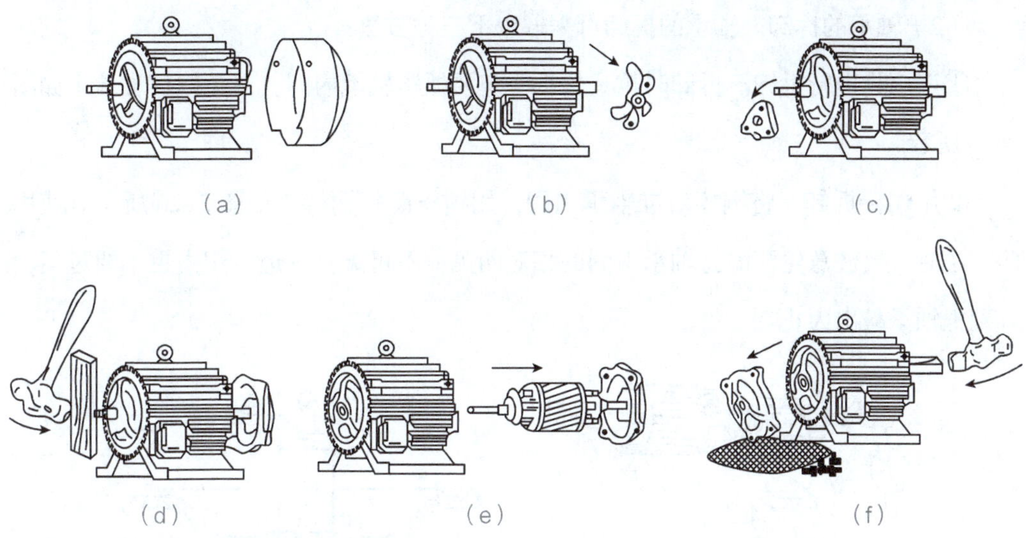

图 3-23 三相异步电动机拆卸步骤

（3）旋下前后端盖紧固螺钉，并拆下前轴承外盖，如图 3-23（c）所示。

（4）用木板垫在转轴前端，将转子连同后端盖一起用锤子从止口中敲出，如图 3-23（d）所示。

（5）抽出转子，如图 3-23（e）所示。

（6）将木方伸进定子铁心顶住前端盖，再用锤子敲击木方卸下前端盖，最后拆卸前后轴承及轴承内盖，如图 3-23（f）所示。

3）主要部件的拆卸方法

（1）带轮（或联轴器）的拆卸。先在带轮（或联轴器）的轴伸端（联轴端）做好尺寸标记，然后旋松带轮上的固定螺钉或敲去定位销，给带轮（或联轴器）的内孔和转轴结合处加入煤油，稍等渗透后，使锈蚀的部分松动，再用拉具将带轮（或联轴器）缓慢拉出，如图 3-24 所示。若拉不出，可用喷灯急火在带轮外侧轴套四周加热，加热时需要用石棉或湿布把轴包好，并向轴上不断浇冷水，以免使其随同外套膨胀，影响带轮的拉出。

需要注意的是，加热温度不能过高，时间不能过长，以防止其变形。

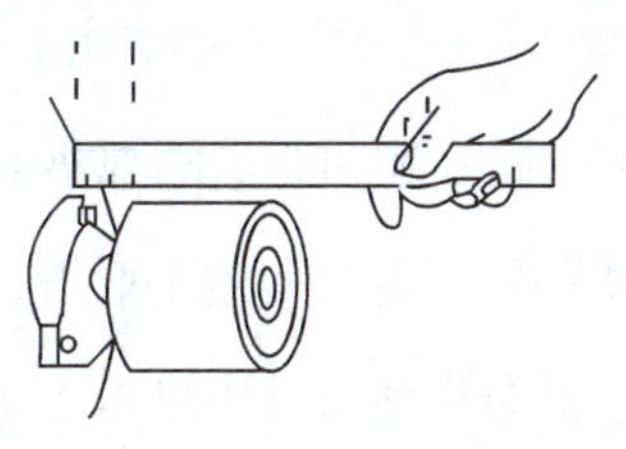

（a）带轮的位置标法

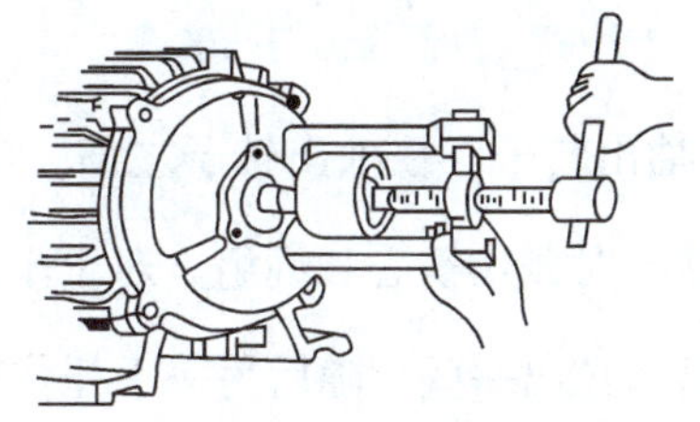

（b）用拉具拆卸带轮

图 3-24 拆卸带轮

（2）轴承的拆卸。轴承的拆卸可采取以下三种方法：

①用拉具进行拆卸。拆卸时拉具钩爪一定要抓牢轴承内圈，以免损坏轴承，如图 3–25 所示。

②用铜棒拆卸。将铜棒对准轴承内圈，用锤子敲打铜棒，如图 3–26 所示。使用此方法时，要注意轮流敲打轴承内圈的相对两侧，不可敲打一边，用力也不要过猛，直到把轴承敲出为止。

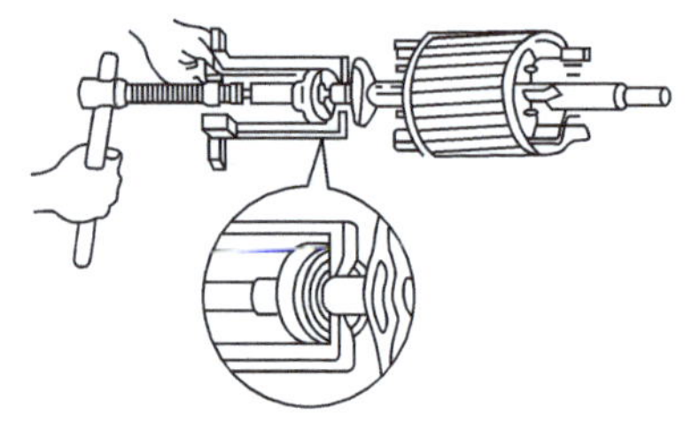

图 3–25 用拉具拆卸轴承

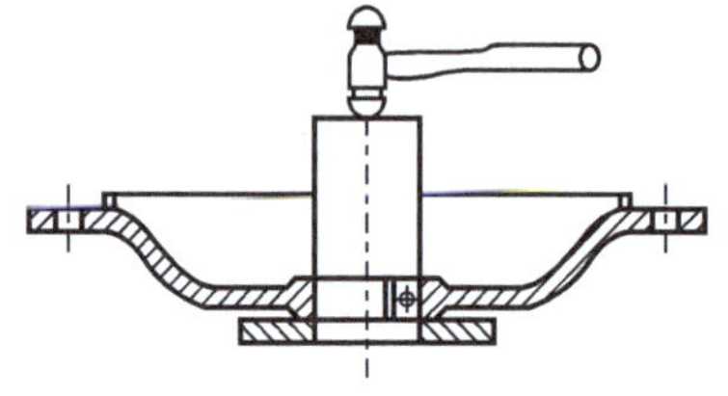

图 3–26 用铜棒拆卸轴承

③在拆卸端盖内孔轴承时，可采用如图 3–27 所示的方法，将端盖止口面向上平稳放置，在轴承外圈的下面垫上木板，但不能顶住轴承，然后用一根直径略小于轴承外沿的铜棒或其他金属管抵住轴承外圈，从上往下用锤子敲打，使轴承从下方脱出。

（3）铁板夹住拆卸。用两块厚铁板夹住轴承内圈，铁板的两端用可靠支撑物架起，使转子悬空，如图 3–28 所示。然后在轴上端面垫上厚木板并用锤子敲打，使轴承脱出。

图 3–27 拆卸端盖内孔轴承

图 3–28 铁板架住拆卸轴承

（4）抽出转子。在抽出转子之前，应在转子下面气隙和绕组端部垫上厚纸板，以免抽出转子时碰伤铁心和绕组。对于小型电动机的转子可直接用手取出，一手握住转轴，把转子拉出一些，随后另一手托住转子铁心渐渐往外移，如图 3–29 所示。

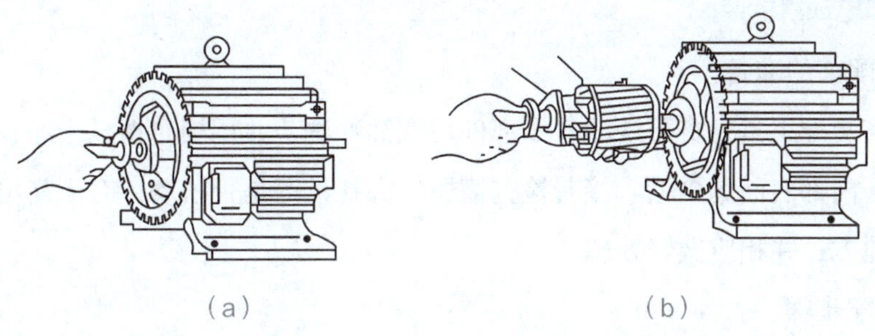

图 3-29　小型电动机转子的拆卸

在拆卸较大的电动机时，可两人一起操作，每人抬住转轴的一端，逐渐把转子往外移，若铁心较长，有一端不好出力时，可在轴上套一节金属管，当作假轴，以便出力，如图 3-30 所示。

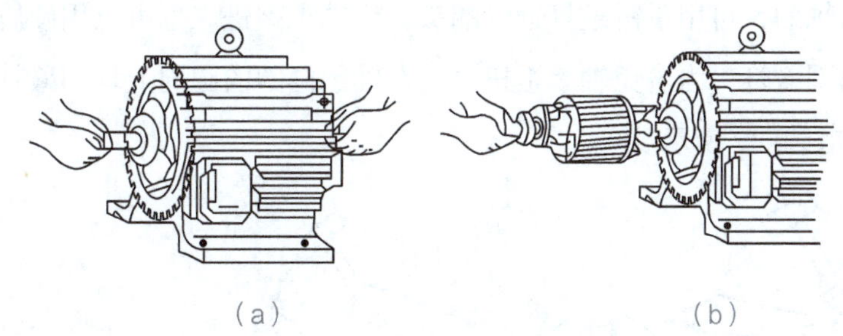

图 3-30　中型电动机转子的拆卸

对于大型的电动机，必须用起重设备吊出，如图 3-31 所示。

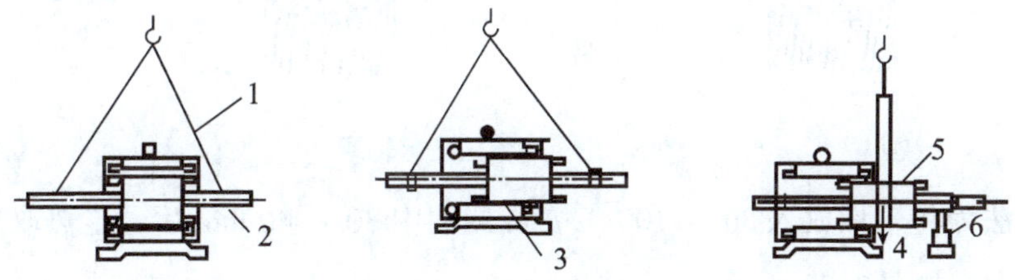

图 3-31　用起重设备吊出转子

1—钢丝绳；2—衬垫（纸板或纱头）；3—转子铁心可搁置在定子铁心上，但切勿碰到绕组；4—重心；5—绳子不要吊在铁心风道里；6—支架

2. 单相异步电动机的拆卸

由于单相异步电动机结构较三相异步电动机简单，且重量轻、体积小，通常只要会拆卸三相异步电动机，就会拆卸单相异步电动机。只有在异步带启动开关的单相异步电动机拆卸时，相对要复杂一些，在拆卸时注意不要碰坏启动开关。

3. 异步电动机的装配

1）装配前的准备

先备齐装配工具，将可洗的各零部件用汽油冲洗，并用棉布擦拭干净，再彻底清扫定、转子内部表面的尘垢。接着检查槽楔、绑扎带等是否松动，有无高出定子铁心内表面的地方，并相应做好处理。

2）装配步骤

按拆卸时的逆顺序进行，并注意将各部件按拆卸时所做的标记复位。

3）主要部件的装配方法

（1）轴承的装配。分为冷套法和热套法。冷套法是先将轴颈部分揩擦干净，把清洗好的轴承套在轴上，用一段钢管（内径略大于轴颈直径，外径又略小于轴承内圈的外径）套入轴颈，再用手锤敲打钢管端头，将轴承敲进。也可以用硬质木棒或金属棒顶住轴承内圈敲打，为避免轴承歪扭，应在轴承内圈的圆周上均匀敲打，使轴承平衡地行进，如图 3-32 所示。

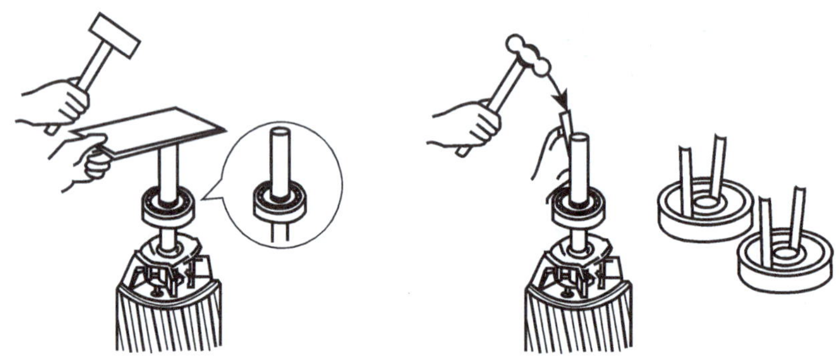

图 3-32 冷套法安装轴承

热套法为将轴承放入 80 ~ 100 ℃变压器油中 30 ~ 40 min 后，趁热取出后迅速套入轴颈中，如图 3-33 所示。

需要注意的是，安装轴承时，标号必须向外，以便下次更换时查找轴承型号。

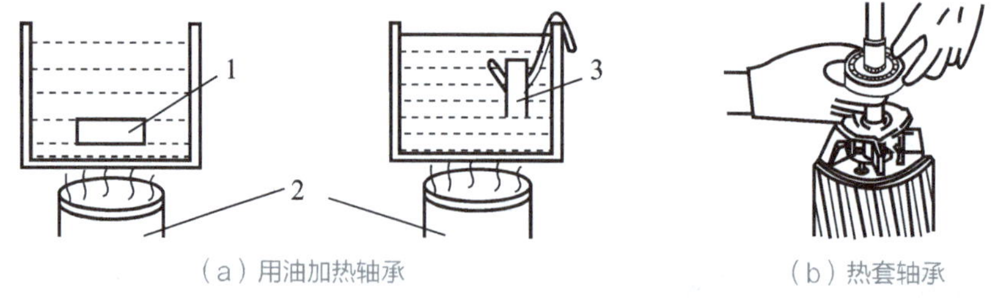

（a）用油加热轴承　（b）热套轴承

图 3-33 热套法安装轴承

1—轴承不能放在槽底；2—火炉；3—轴承应吊在槽中

另外，在安装好的轴承中要按其总容量的 1/3 ~ 2/3 加注润滑油，转速高的按小值加注，转速低的按大值加注。轴承如果损坏应立即更换。如果轴承磨损严重，外圈与内圈间隙过大，造成轴承过度松动，转子下垂并摩擦铁心，轴承滚动体破碎或滚动体与滚槽有斑痕出现，保持架有斑痕或被磨坏等，都应及时更换新轴承。更换的轴承应与损坏的轴承型号相符。

（2）轴承的识别及选用。当损坏的轴承型号无法识别，看不懂轴承型号及代号的意义时，都会给更换带来一定的困难。学会识别轴承型号及代号，对选用轴承是十分必要的。

电动机的轴承一般分为滚动轴承和滑动轴承两类。滚动轴承装配结构简单，维修方便，主要用于中、小型电动机；滑动轴承多用于大型电动机。

下面简单介绍中、小型电动机常用的滚动轴承型号及轴承代号的意义。

按国家标准，滚动轴承代号采用汉语拼音字母和阿拉伯数字表示，一般是以一组数字表示轴承的结构、类型和内径尺寸。规定用七位数字表示，各个位上数字含义如下：

右起第一、二位数字表示轴承内径；

右起第三位数字表示轴承直径系列；

右起第四位数字表示轴承类型代号；

右起第五、六位数字表示轴承的结构特点；

右起第七位数字表示轴承的宽度或高度系列。

超过七位数字的，就从左看起，左起第一位数字表示轴承游隙，左起第二位表示轴承精度等级，如 G（普通）、E（高级）、D（精密级）、C（超精密级）。而通常滚动轴承的代号是用四位数字表示，其四位数字的意义如表 3–2 所示。

表 3–2 滚动轴承代号的意义

位数（自右向左）	数字代表的意义	代号									
		0	1	2	3	4	5	6	7	8	9
第一、二位数	轴承内径	代号数字<04 时，00、01、02、03 分别表示轴承内径 =10 mm、12 mm、15 mm、17 mm，代号数字为 04 ~ 99 时，代号的数字乘以 5，即为轴承的内径尺寸（单位为 mm）									
第三位数	轴承直径系列		特轻系列	轻窄系列	中窄系列	重窄系列	轻宽系列	中宽系列	特轻系列	超轻系列	超轻系列
第四位数	轴承类型	向心球轴承	调心球轴承	向心短圆柱滚子轴承	调心滚子轴承	滚针轴承	螺旋滚子轴承	角接触球轴承	圆锥滚子轴承	推力球轴承	推力滚子轴承

注意：规定标注代号时最左边的“0”不写。表 3–3~ 表 3–6 列出了常用电动机滚动轴承的型号。

表 3–3 Z2 系列直流电动机用轴承型号（GB/T 272—1993）

机座号	轴伸端轴承	非轴伸端轴承	机座号	轴伸端轴承	非轴伸端轴承
1	6302	6302	8	N311	6310
2	6304	6304	9	N314	6313
3	6305	6305	10	N317	6315
4	6307	6307	11	N320	6318
5	6309	6309	12	N320	6320
6	6309	6309	13	N320	6322
7	N310	6309	14	NU326	6326

表 3–4 Y 系列（IP44）异步电动机滚动轴承型号（GB/T 272—1993）

中心高 /mm	2 极电动机		4、6、8、10 极电动机	
	轴伸端	非轴伸端	轴伸端	非轴伸端
80	180204Z1	180204Z1	180204Z1	180204Z1
90	180205Z1	180205Z1	180205Z1	180205Z1
100	180206Z1	180206Z1	180206Z1	180206Z1
112	180306Z1	180306Z1	180306Z1	180306Z1
132	180308Z1	180308Z1	180308Z1	180308Z1
160	309Z1	309Z1	2309Z1	309Z1
180	311Z1	311Z1	2311Z1	311Z1
200	312Z1	312Z1	2312Z1	312Z1
225	313Z1	313Z1	2313Z1	313Z1
250	314Z1	314Z1	2314Z1	314Z1
280	314Z1	314Z1	2317Z1	317Z1
315	316Z1	316Z1	2319Z1	319Z1

表 3–5 Y 系列（IP23）异步电动机滚动轴承型号

中心高 /mm	2 极电动机		4、6、8、10 极电动机	
	轴伸端	非轴伸端	轴伸端	非轴伸端
160	211Z1	211Z1	2311Z1	311Z1
180	212Z1	212Z1	2312Z1	312Z1
200	213Z1	213Z1	2313Z1	313Z1
225	214Z1	214Z1	2314Z1	314Z1
250	314Z1	314Z1	2317Z1	317Z1
280	314Z1	314Z1	2318Z1	318Z1
315	316Z1	316Z1	2319Z1	319Z1

表 3-6 J2、JO2、JQ2 和 JQO2 系列笼型异步电动机滚动轴承型号（GB/T 272—1993）

电动机系列	机座号	2 极电动机		4 极以上电动机	
		轴伸端轴承	非轴伸端轴承	轴伸端轴承	非轴伸端轴承
J、JO、JQ、JQO 系列	3	6304	6304	6304	6304
	4	6306	6306	6306	6306
	5	6308	6308	6308	6308
	6	6308	6308	6310	6310
	7	6310	6310	N312	6312
	8	6312	6312	N314	6314
	9	6314	6314	N317	N317
J2、JO2、JQ2、JQO2 系列	1	6204	6204	6204	6204
	2	6205	6205	6305	6305
	3	6206	6206	6306	6306
	4	6208	6208	6308	6308
	5	6309	6309	6309	6309
	6	6310	6310	N310	6310
	7	6311	6311	N311	6311
	8	6314	6314	N314	6314
	9	6317	6317	N317	6317
JQ3 系列	80	6204	6204	6204	6204
	90	6305	6305	6305	6305
	100	6306	6306	6306	6306
	112	6307	6307	6307	6307
	140	6309-Z	6309-Z	6309-Z	6309-Z
	160	6310-Z	6310-Z	6310-Z	6310-Z
	180	6311	6311	N311	6311
	200	6311	6311	N312	6312
	225	6313	6313	N314	6314
	250	6314	6314	N316	6316
	280	6316	6316	N318	6318

其他型号轴承可参阅有关技术手册。

（3）轴承润滑脂的识别及选择。对滚动轴承润滑脂的选择，主要考虑轴承的运转条件，例如使用环境（潮湿或干燥）、工作温度和电动机转速等。当环境温度较高时，应使用耐水性强的润滑脂；转速较高时，应选用锥入度大（稠度较稀）的润滑脂，以免高速时润滑脂内产生很大的摩擦损耗，使轴承温升增高、电动机效率降低；负载较大时，应选择锥入度较小的润滑脂。

电动机中常用轴承润滑脂的品种、型号及适用场合如表 3–7 所示。

表 3–7 轴承润滑脂的品种、型号及适用场合

<table>
<tr><th colspan="2">名 称</th><th>牌 号</th><th>外 观</th><th>滴点
t/℃
不低于</th><th>工作锥入度
(1/10)
h/mm</th><th>适用场合</th></tr>
<tr><td rowspan="5">钙基
润滑脂</td><td>1 号</td><td>ZG—1</td><td rowspan="5">从深黄色到暗褐色，在玻璃上涂抹 1 ~ 2 mm 厚的润滑脂层，对光检查时，呈均匀无块状油膏</td><td>75</td><td>310 ~ 340</td><td rowspan="5">工作温度低于 55 ~ 60℃、与水接触的封闭式电动机，各种工农业与交通机械设备的轴承润滑。特点为耐水，但不耐热</td></tr>
<tr><td>2 号</td><td>ZG—2</td><td>80</td><td>265 ~ 295</td></tr>
<tr><td>3 号</td><td>ZG—3</td><td>85</td><td>220 ~ 250</td></tr>
<tr><td>4 号</td><td>ZG—4</td><td>90</td><td>175 ~ 205</td></tr>
<tr><td>5 号</td><td>ZG—5</td><td>95</td><td>130 ~ 160</td></tr>
<tr><td>钠基
润滑脂

高温
钠基脂</td><td>2 号
3 号
4 号</td><td>ZN—2
ZN—3
ZN—4</td><td>深黄色到暗褐色均匀油膏

深绿色纤维状均匀软膏</td><td>140
140
150</td><td>265 ~ 295
220 ~ 250
175 ~ 205

170 ~ 225</td><td>在较高工作温度、清洁无水分的条件下，用于开启式电动机。其工作温度分别为：2 号低于 115℃，3 号低于 115℃，4 号低于 130℃。高温钠基脂工作温度在 140 ~ 160℃之间</td></tr>
<tr><td rowspan="2">钙钠基润滑脂</td><td>1 号</td><td>ZGN—1</td><td rowspan="2">黄色到深棕色的均匀软膏</td><td>120</td><td>250 ~ 290</td><td rowspan="2">在 80 ~ 100℃之间、允许有水蒸气的条件下，用于开启式、封闭式电动机。不适于低温</td></tr>
<tr><td>2 号</td><td>ZGN—2</td><td>135</td><td>200 ~ 240</td></tr>
<tr><td>石墨钙基
润滑脂</td><td></td><td>ZG—S</td><td>黑色均匀油膏</td><td>80</td><td>—</td><td>适用于工作温度 60℃以下粗糙、重负荷摩擦部位，不适用于滚动轴承润滑</td></tr>
<tr><td>二硫化钼
润滑脂</td><td></td><td></td><td></td><td>210</td><td>290 ~ 330</td><td>适用于工作温度为 20 ~ 80℃、转速为 3 000 r/min 常见的中小型电动机等滚动轴承润滑，也适用于各类油杯加油的轴瓦及间隙 0.5 mm 以上的重负荷设备轴瓦润滑</td></tr>
<tr><td rowspan="4">锂基润滑脂</td><td>1 号</td><td>ZL—1</td><td rowspan="4">淡黄色到暗褐色均匀油膏</td><td>170</td><td>310 ~ 340</td><td rowspan="4">通用长寿命的润滑脂可代替钙基、钠基、钙钠基脂，能长期在 120℃温度环境工作。广泛用于高温、高速与水接触的机器上。2 号用于中小型电动机，3 号用于大中型电动机</td></tr>
<tr><td>2 号</td><td>ZL—2</td><td>175</td><td>265 ~ 295</td></tr>
<tr><td>3 号</td><td>ZL—3</td><td>180</td><td>220 ~ 250</td></tr>
<tr><td>4 号</td><td>ZL—4</td><td>185</td><td>175 ~ 205</td></tr>
<tr><td>铝基润滑脂</td><td>2 号</td><td>ZU—2</td><td>淡黄色到暗褐色的光滑透明油膏</td><td>75</td><td>230 ~ 280</td><td>用于常温工作、有严重水分场合的电动机</td></tr>
</table>

（4）后端盖的装配。将轴伸端朝下垂直放置，在其端面上垫上木板，后端盖套在后轴承上，用木槌敲打，如图 3-34 所示。把后端盖敲进去后，装轴承外盖。紧固内、外轴承盖的螺栓时注意要对称同步逐渐拧紧，不能先拧紧一个、再拧紧另一个。

（5）前端盖的装配。将前轴承内盖与前轴承按规定加够润滑油后，一起套入转轴，然后在前内轴承盖的螺孔与前端盖对应的两个对称孔中穿入铜丝拉住内盖。待前端盖固定就位后，再从铜丝上穿入前外轴承盖，拉紧对齐。接着给未穿铜丝的孔中先拧进螺栓，带上丝口后，抽出铜丝，最后为这两个螺孔拧入螺栓，依次对称逐步拧紧。也可用一个比轴承盖螺栓更长的无头螺钉（吊紧螺钉），先拧进前内轴承盖，再将前端盖和前外轴承盖相应的孔套在这个无头长螺钉上，使内、外轴承盖和端盖的对应孔始终拉紧对齐。待端盖到位后，先拧紧其余两个轴承盖螺栓，再用第三个轴承盖螺栓换下开始时用以定位的无头长螺钉（吊紧螺钉），如图3-35所示。

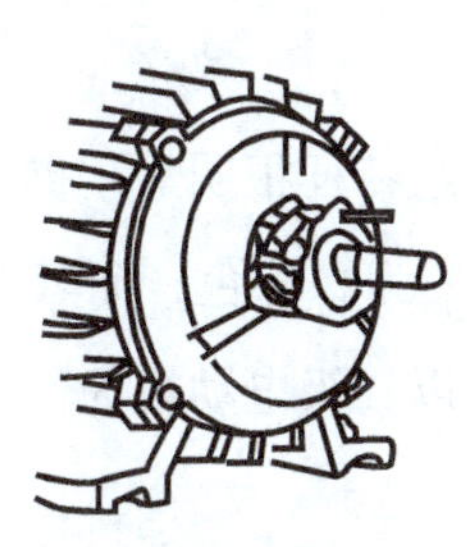

图 3-34 后端盖的装配

图 3-35 前端盖的装配

对异步电动机的定期维修和故障分析是异步电动机检修的基本环节，了解并掌握定期维修及故障分析的内容和方法是维修电动机的基础。

4. 异步电动机的定期维修和故障分析

1）定期维修

（1）维修时限。

电动机的维修时限通常是一年进行一次。

（2）维修内容。

①查电动机各部件有无机械损伤。若有，则应及时修复或更换。

②对拆开的电动机进行清理，清除所有油泥、污垢。清理中，注意观察绕组绝缘状况。若油漆为暗褐或深棕色，说明绝缘已老化，此时要特别注意不要碰撞使其脱落。若发现有脱落现象，应进行局部绝缘修复和刷漆。

③拆下轴承，浸在柴油或汽油中彻底清洗后，再用干净汽油清洗一遍。检查清洗后的轴承是否转动灵活，有无异常响声，内、外钢圈有无晃动。根据检查结果，确定

对润滑油脂或轴承是否进行更换。

④检查定子绕组是否存在故障。使用绝缘电阻表测量绕组绝缘电阻，根据绝缘电阻的大小可判断出绕组受潮程度或短路情况。若有，要进行相应处理。

⑤检查定、转子铁心有无磨损和变形。若观察到有磨损处或发亮点，说明可能存在定、转子铁心相擦。可使用锉刀或刮刀将亮点刮低。

⑥对电动机进行装配、安装，测试空载电流大小及对称性，最后带负载运行。

2）故障分析

电动机故障通常分为电气故障和机械故障两种，电气故障较常见，主要有以下故障：

（1）跑单相运行。

原因：电路和电动机引线连接有浮接现象，引起接触电阻大，使连接处逐步氧化而造成断相。

特征：由于跑单相运行而烧毁的电动机，其绕组特征很明显，拆开电动机端盖，看到电动机绕组端部的1/3或2/3的极相组烧黑或变为深棕色，而其中的一相或两相绕组完好或微变色，则说明是跑单相运行造成的。以二级电动机为例，其跑单相运行烧坏绕组特征如图3–36所示。

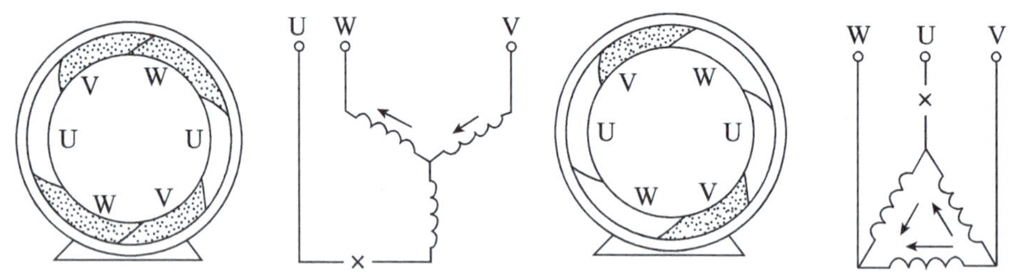

（a）Y形连接绕组烧坏2/3极相组　　（b）△形连接绕组烧坏1/3极相组

图3–36 跑单相运行烧坏绕组特征

在Y形连接时，U相电源断开，电流从V–W相绕组通过，因此将V、W相绕组烧坏。在△形连接时，U相电源断开，电流分为两路，一路由U、W相绕组串联组成，另一路由V相单独组成，后一路阻抗小于前一路，因而V相首先烧坏。

处理方法：重绕电动机绕组。

（2）绕组断路。

原因：同一相绕组的连接头接线质量不好，造成连接头虚接、断开。

特征：启动时，无启动转矩。运行时，绕组断路，发出较强的“嗡嗡”响声，最终烧毁电动机，现象同跑单相运行的现象。

处理方法：找到断线处，重新接线。

（3）匝间短路。

原因：由于嵌线质量不高或机械擦损造成本相绕组中导线绝缘损伤引起匝间短路。

特征：在线圈的端部，可清楚地看到线圈的几匝或整个线圈，甚至一个极相组烧焦，烧焦部分呈裸铜线，其他均完好。

处理方法：可局部修理的，换一个线圈或一组线圈即可。不宜局部修理的，可重绕全部绕组。

（4）相间短路。

原因：端部相间绝缘、双层线圈层间绝缘没有垫妥，在电动机受热或受潮时，绝缘性能下降，击穿形成相间短路。也可能是线圈组间连线套管处理不妥，绝缘材料选用不当等原因。

特征：在短路处发生爆断，并熔断很多导线。附近有许多熔化的铜屑，而其他处均完好无损。

处理方法：重绕电动机绕组，并注意相间绝缘要垫妥，选用合适的绝缘材料。

（5）接地。

原因：嵌线质量不高，造成槽口绝缘破损；高温或受潮导致绝缘性能降低；雷击。

特征：用绝缘电阻表测试电动机绕组与地之间的绝缘电阻，测量结果为电阻值小于 1 MΩ。

处理方法：从嵌线质量、绝缘材料选用上提高要求。

（6）过载。

原因：电动机端电压太低；接线不符合要求，Y 形、△形连接接错；在机械方面不注意电动机的使用条件和要求；电动机本身定、转子间气隙过大，笼型转子铝条断裂，重绕时线圈数据与设计时相差太大等。

特征：三相绕组全部均匀焦黑。

处理方法：重绕电动机绕组后再找原因，并进行针对性处理。

四、实训记录

（1）拆卸前标记，联轴器或带轮与轴台间的距离为________ mm，出轴方向为________，电源引线位置____。

（2）拆卸顺序________、________、________、________、________。

（3）拆卸带轮或联轴器所使用的工具____，操作要点____。

（4）轴承拆卸后清洗干净，用手转动其声音为________，能否再使用________，轴承型号________；新换轴承润滑油名称________，用量______ g；轴承装配方法________，操作要点____。

（5）端盖及前轴承内、外盖装配的方法________________________________，操作要点____。

（6）一台四极电动机，有 12 个极相组，分别在图 3–37 所示图例中画出 Y 形连接和△形连接跑单相运行而烧坏的示意图。

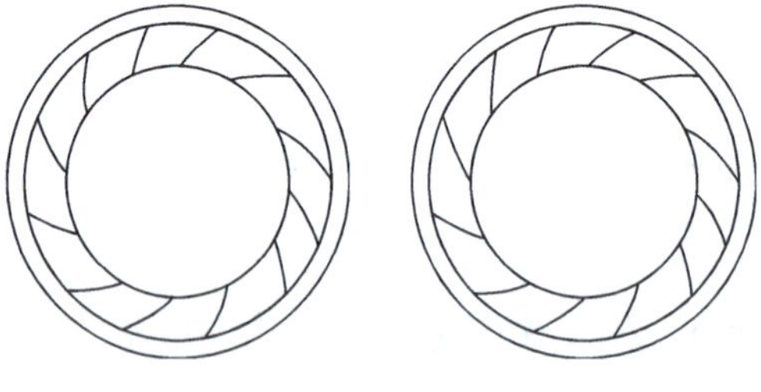

图 3–37

（7）三相异步电动机检修记录表，如表 3–8 所示。

表 3–8　三相异步电动机检修记录表

内容	记录		处理
检查各部件有无机械损伤	外壳		
	端盖		
	风扇及罩叶		
	转轴及键槽		
	其余部位		
清洗各部件油垢，检查绕组绝缘情况	加油量及名称		
	绕组绝缘评价		
清洗、检修轴承	润滑油状况		
	轴承是否灵活		
	轴承表面状况		
	轴承有无变色		
	加油量及名称		

续表

内　　容	记　　录			处　　理
检查定子绕组故障，测绝缘电阻	绝缘电阻 /MΩ	U、V、W 相对机壳		
		UV、VW、WU 相间		
	绕组状况			
定、转子铁心有无磨损和变形	定、转子铁心有无亮点或擦痕			
	定、转子铁心变形			
	转轴有无弯曲			
试 机	U、V、W 相空载电流 /A			
	绕组绝缘评价			

五、实训考核

完成实训考核表（见表 3–9）。

表 3–9　实训项目量化考核表

项目内容	考核要求	配分	扣分标准	得分
拆卸电动机	拆卸方法正确、顺序合理，定子绕组无碰伤、部件无损坏，所打标记清楚	30 分	拆卸方法不正确，每次扣 10 分；碰伤定子绕组或损坏部件，每件扣 20 分；标记不清楚，每处扣 5 分	
装配电动机	装配方法正确、顺序合理，重要及关键部件清洗干净，装配后转动灵活	40 分	装配方法错误，每次扣 10 分；轴承和轴承盖清洗不干净，每只扣 10 分；轴承装反或装法不当，每只扣 10 分；装配后转动不灵活扣 20 分	
电动机检修	检修环节齐全、步骤规范，检修记录填写完整	20 分	检修步骤每少一步扣 10 分；轴承不加或多加润滑油，每只扣 10 分；绝缘电阻测量，每少测一项扣 5 分；空载电流少测一项扣 5 分	
故障分析	对常见的故障通过现象会判断、会分析，并能提出一般的处理方案及实施	10 分	给出跑单相、匝间短路、相间短路、过载、接地等故障现象，每判断错一项扣 5 分	
安全文明操作	每违反一次扣 10 分			
限　时	拆装电动机或检修电动机分别限时为 120 min 或 180 min，每超过 1 min 扣 1 分	指导教师		

维修电工职业技能鉴定要求

一、基本要求

电工基础知识

（1）直流电基本知识。

（2）电磁基本知识。

（3）常用变压器与异步电动机。

二、维修电工（初级工）工作要求

类别	工作内容	技能要求	相关知识
初级	低压电器及电动机的拆装维修	1. 能拆装和修理按钮、指示灯、接触器、继电器； 2. 能分辨三相交流异步电动机绕组的头尾； 3. 能分辨变压器的同名端； 4. 能拆装和保养10 kW以下三相交流异步电动机	1. 变压器的结构与原理； 2. 同名端的概念及判断方法； 3. 交流电动机的结构、原理及其应用； 4. 低压电器与变压器拆装工艺； 5. 电动机绝缘检测方法

维修电工职业技能鉴定练习题

1. 三相交流异步电动机旋转方向由（　）决定。

A. 电动势方向　B. 电流方向　C. 频率　D. 旋转磁场方向

2. 改变电容式单相异步电动机转向的方法是（　）。

A. 主、副绕组对调　B. 电源相线与零线对调

C. 电容器接线对调　D. 主绕组或副绕组中任意一个首尾对调

3. 三相异步电动机铭牌上的额定功率是指（　）。

A. 输入的有功功率　B. 轴上输出的机械功率

C. 视在功率　D. 电磁功率

4. 某电动机型号为 Y-112M-4，其中 4 的含义是（　）。

A. 异步电动机　B. 中心高度　C. 磁极数　D. 磁极对数

5. 直流电动机铭牌上标注的温升是指（　）。

A. 电动机允许发热的限度　B. 电动机发热的温度

C. 电动机使用时的环境温度　D. 电动机铁心允许的上升温度

4 低压电器的控制与接线

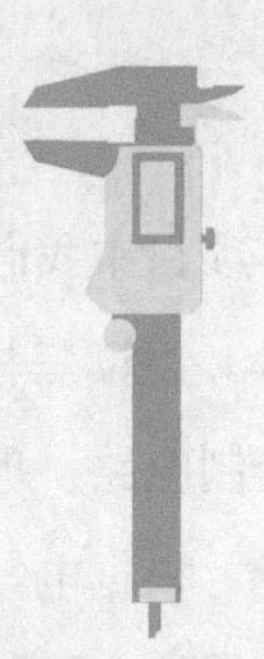

在安装和维修各种供配电电路、电气设备及其电路时，必须掌握常见的低压电器的基本原理。作为一名维修电工，必须掌握电气原理图的识读方法和制图规范，了解常见的基本电气控制电路的工作原理。

学习目标

一、基本目标

❶ 掌握常见的低压电器的基本常识。

❷ 了解电气原理图制图规范及识读方法。

❸ 能识读基本电气控制电路。

❹ 能进行基本低压电气控制电路的安装与调试。

二、提高目标

❶ 掌握电气控制常见故障的分析方法。

❷ 能进行常见低压电气控制电路的故障检测与排除。

项目描述

本项目中我们的任务是完成如下工作：

❶ 识读三相异步电动机的单向运行，正、反转控制，Y- △启动控制和往复工作台控制电路，理解其基本工作原理。

❷ 根据电气设备的总体配置及电气元件的分布状况和操作要求划分电器组件，绘制电气控制系统的总装配图和接线图。

❸ 根据电气元件的型号、外形尺寸、安装尺寸，绘制每一组件的元件布置图（例如电器安装板、控制面板、电源、放大器等）。

❹ 根据元件布置图及电气原理图绘制接线图，统计组件进出线的数量、编号以及各组件之间的连接方式。

❺ 绘制并修改工艺设计草图，按机械、电气制图要求绘制工程图。

❻ 按设计过程和设计结果编写设计说明书及使用说明书。

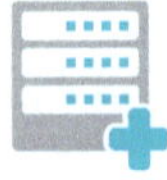

必备知识

电动机或其他电气设备电路的接通或断开，目前普遍采用继电器、接触器、按钮及开关等控制电器来组成控制系统。这种控制系统一般称为继电－接触器控制系统。

一、常见低压电器

凡是对电能的生产、输送、分配和使用起控制、调节、检测、转换及保护作用的电工器械均称为电器。用于交流频率 50 Hz、额定电压 1 200 V 以下，直流额定电压 1 500 V 以下的电路内，起通断保护、控制或调节作用的电器称为低压电器。低压电器的品种规格繁多，构造各异。按用途划分，可分为配电电器和控制电器；按动作方式划分，可分为自动电器和手动电器；按执行机构划分，可分为有触点电器和无触点电器；按功能和结构特点划分，可分为刀开关、熔断器、主令电器、接触器、继电器等。

1. 刀开关

刀开关又称闸刀开关，是结构最简单、应用最广泛的一种手控电器。刀开关在低压电路中用于不频繁地接通和分断电路，也可用于隔离电路与电源，故又称隔离开关。

1）刀开关的分类

刀开关按极数划分，有单极、双极和三极；按结构划分，有平板式和条架式；按操作方式划分，有直接手柄操作式、杠杆操作机构式、旋转操作式和电动操作机构式。除特殊的大电流刀开关采用电动操作方式外，一般都进行手动操作。

2）刀开关的结构和工作原理

刀开关由绝缘底板、静插座（静触点）、手柄、触刀动触点和铰链支座等部分组成，图 4-1 所示为其结构简图。推动或拉拔手柄，触点接通或断开。

额定电流较小的刀开关插座多用硬紫铜制成，利用材料的弹性来产生所需压力，额定电流大的刀开关还要通过在插座两侧加弹簧片来增加压力。刀开关在分断有负载的电路时，其触刀与插座之间会产生电弧。对于大电流刀开关，为了防止各极之间发生电弧闪烁，导致电源相间短路，刀开关各极间设有绝缘隔板，有的设有灭弧罩。

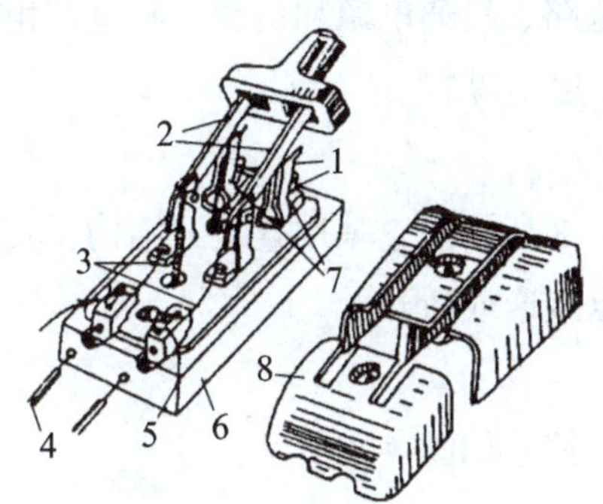

图 4-1　刀开关的结构简图

1—电源进线座；2—动触点；3—熔丝；

4—负载线；5—负载接线座；6—瓷底座；7—静触点；8—胶木片

3）刀开关的符号

刀开关的图形和文字符号如图 4-2 所示。

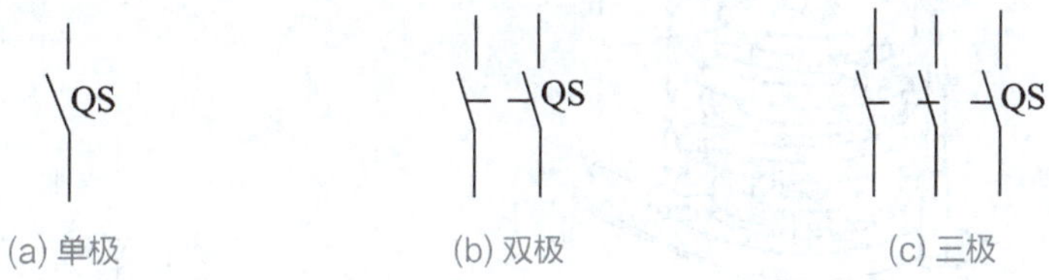

(a) 单极　(b) 双极　(c) 三极

图 4-2　刀开关的图形和文字符号

4）刀开关的型号含义

刀开关的型号含义如下：

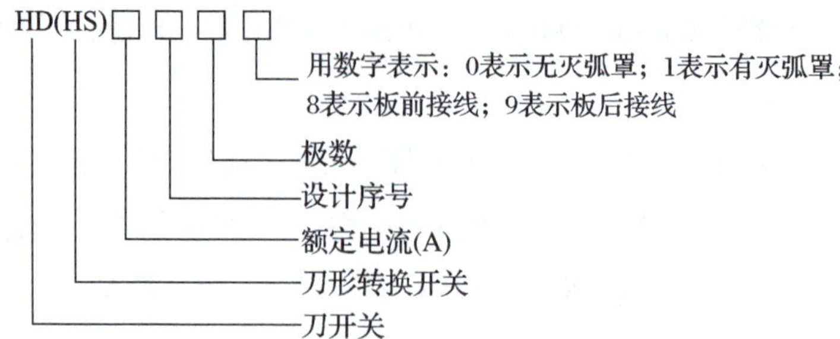

5）刀开关的选用原则

刀开关的主要功能是隔离电源。在满足隔离功能要求的前提下，选用的主要原则是保证其额定绝缘电压和额定工作电压不低于电路的相应数据，额定工作电流不小于电路的计算电流。当要求有通断能力时，必须选用具备相应额定通断能力的隔离开关。如果需要接通短路电流，则应选用具备相应短路接通能力的隔离开关。

2. 组合开关

组合开关又称转换开关，其实质上也是一种刀开关，只是其刀片是转动的，一般用于非频繁的接通和分断电路、接通电源和负载、测量三相电压以及控制小容量异步电动机的正、反转和 Y / △ 启动等。

1）组合开关的结构

组合开关的结构如图 4–3 所示。它采用叠装式结构，其层数由动触点数量决定，随操作手柄转动，各对触点接通或断开。

2）组合开关的符号

组合开关的图形和文字符号如图 4–4 所示。

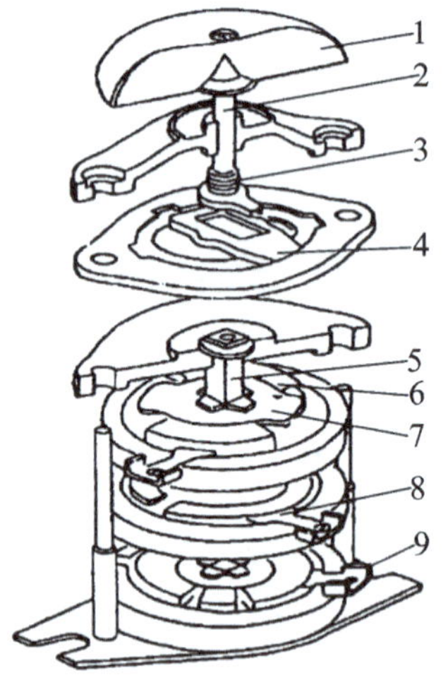

图 4–3　组合开关的结构

1—手柄；2—转轴；3—弹簧；4—凸轮；5—绝缘杆；6—绝缘垫板；7—动触片；8—静触片；9—接线柱

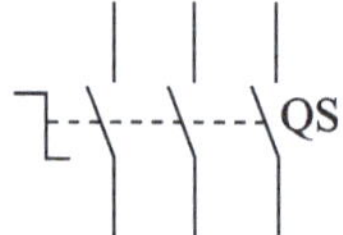

图 4–4　组合开关的图形和文字符号

3）组合开关的型号含义

组合开关的型号含义如下：

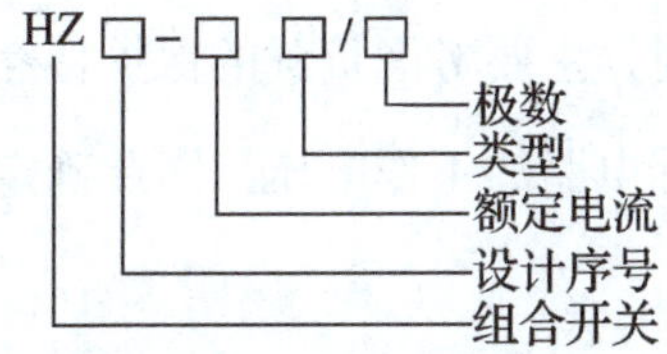

组合开关的主要技术参数有额定电压、额定电流、极数等。其中额定电流有 10 A、25 A、60 A 等多级。全国通用的常用产品有 HZS、HZ10 系列和新型组合开关 HZ15 等系列。

3. 熔断器

熔断器是一种广泛应用的简单而有效的保护电器。在使用中，熔断器中的熔体（也称保险丝）串联在被保护的电路中，当该电路发生过载或短路故障时，熔体自行熔断，达到保护的目的。

1）熔断器的结构与工作原理

熔断器主要由熔体和安装熔体的熔管或熔座两部分组成。熔体由熔点较低的材料，例如铅、锌、锡及铅锡合金，做成丝状或片状。熔管是熔体的保护外壳，由陶瓷、绝缘钢纸或玻璃纤维制成，在熔体熔断时兼起灭弧作用。

熔断器熔体中的电流为熔体的额定电流时，熔体长期不熔断；当电路发生严重过载时，熔体在较短时间内熔断；当电路发生短路时，熔体能在瞬间熔断。熔体的这个特性称为反时限保护特性，即电流越大，熔断时间越短。熔断器对过载反应不灵敏，不宜用于过载保护，主要用于短路保护。

常用的熔断器有瓷插式熔断器和螺旋式熔断器两种，它们的外形结构和符号如图 4-5所示。

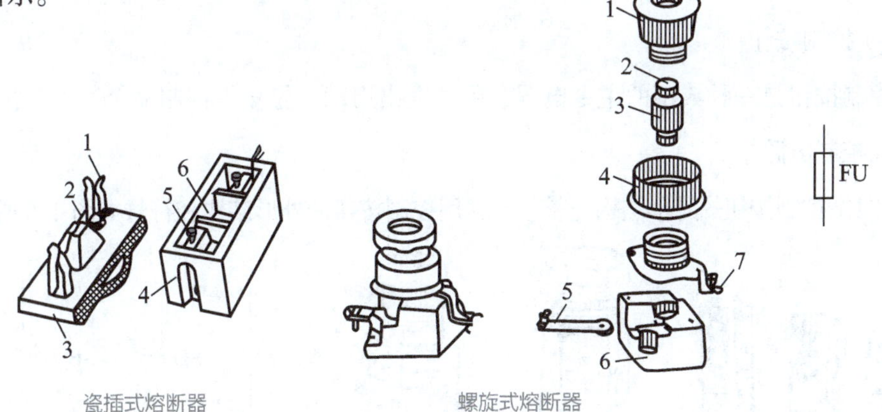

（a）外形结构　(b) 符号

图 4-5　熔断器外形、结构及符号

(a)1—动触片；2—熔体；3—瓷盖；4—瓷底；5—静触点；6—灭弧室

(b)1—瓷帽；2—小红点标志；3—熔断管；4—瓷套；5—下接线端；6—瓷底座；7—上接线端

2）熔断器的选择

熔断器的选择主要是指选择熔断器的种类、额定电压、额定电流和熔体的额定电流等。选择熔断器的类型时，主要考虑负载的保护特性和短路电流的大小。熔断器的额定电压应大于或等于实际电路的工作电压，因此确定熔体电流是选择熔断器的主要任务，具体有下列原则：

（1）电路上、下两级都装设熔断器时，为使两级保护相互配合良好，两极熔体额定电流的比值不小于 1.6∶1。

（2）对于照明电路或电阻炉等没有冲击性电流的负载，熔体的额定电流（I_{fN}）应大于或等于电路的工作电流（I_e），即 $I_{fN} \geqslant I_e$。

（3）保护一台异步电动机时，考虑到电动机冲击电流的影响，熔体的额定电流与电动机的额定电流 I_N 关系为：

$$I_{fN} \geqslant (1.5\sim2.5)\,I_N。$$

（4）保护多台异步电动机时，若各台电动机不同时启动，则应按下式计算：

$$I_{fN} \geqslant (1.5\sim2.5)\,I_{N\max}+\sum I_N$$

式中 $I_{N\max}$——容量最大的一台电动机的额定电流；

$\sum I_N$——其余电动机的额定电流的总和。

4. 主令电器

主令电器是用来发布命令、改变控制系统工作状态的电器，主要包括控制按钮、行程开关、接近开关、万能转换开关、凸轮控制器等。

1）控制按钮

控制按钮是一种典型的主令电器，用于发出启动、停止等控制命令。控制按钮一般接在控制电路中。

（1）控制按钮的外形结构与符号。常用控制按钮的外形结构和符号如图 4–6 所示。

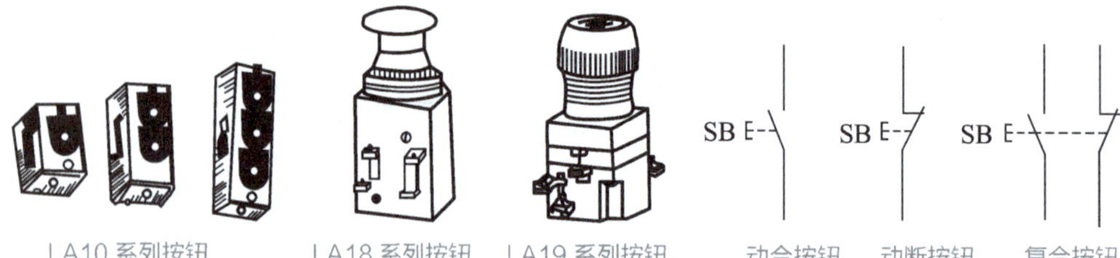

图 4–6　控制按钮的外形结构和符号

典型控制按钮的内部结构如图 4-7 所示。

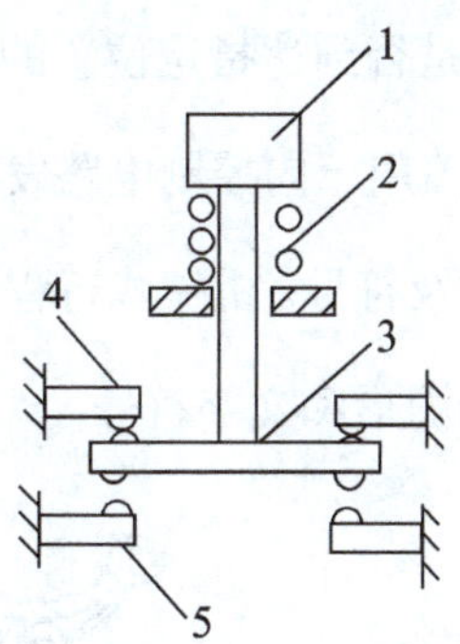

图 4-7　典型控制按钮的内部结构

1—按钮帽；2—复位弹簧；3—桥式触点；

4—常闭触点或动断触点；5—常开触点或动合触点

（2）控制按钮的种类及动作原理。

① 按结构形式分类。

旋钮式：用手动旋钮进行操作。

指示灯式：按钮内装入信号灯显示信号。

紧急式：装有蘑菇形钮帽，以示紧急动作。

② 按触点形式分类。

动合按钮：外力未作用时（手未按下），触点是断开的，外力作用时，触点闭合，但外力消失后，在复位弹簧作用下自动恢复原来的断开状态。

动断按钮：外力未作用时（手未按下），触点是闭合的；外力作用消失后，在复位弹簧作用下恢复原来的闭合状态。

复合按钮：既有动合按钮，又有动断按钮的按钮组，称为复合按钮。按下复合按钮时，所有的触点都改变状态，即动合触点要闭合，动断触点要断开。但是，两对触点的变化是有先后次序的，按下按钮时，动断触点先断开，动合触点后闭合；松开按钮时，动合触点先复位，动断触点后复位。

（3）控制按钮的型号含义。按钮开关的型号含义为：

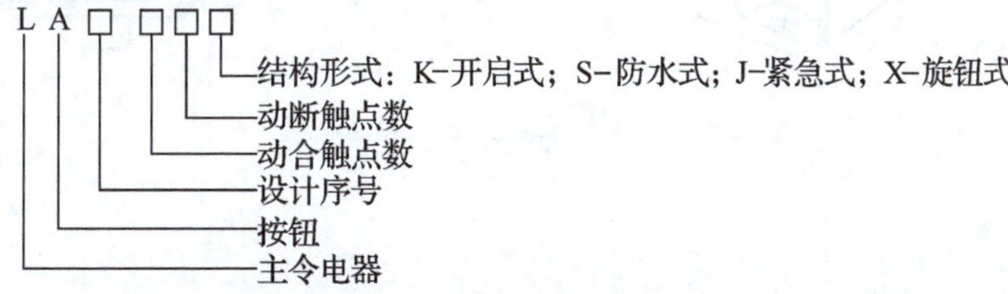

2）行程开关

行程开关是用于检测设备是否到达指定位置的机械开关，当设备到达或离开指定位置时，其触点动作。行程开关用于向控制电路发出到位、未到位等信号。

（1）行程开关的外形结构及符号。机械式行程开关的外形结构如图 4–8（a）所示，图 4–8（b）所示为行程开关的图形和文字符号。

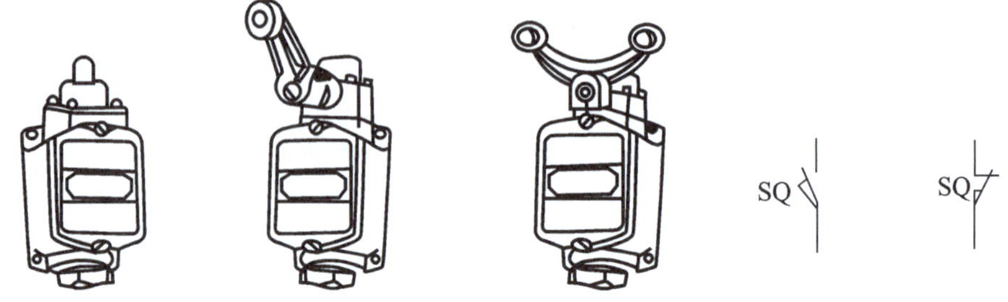

图 4–8 行程开关的外形结构及符号

（2）行程开关的工作原理。当生产机械的运动部件到达某一位置时，运动部件上的挡块碰压行程开关的操作头，使行程开关的触点接通或断开。图 4–9 所示为行程开关的动作原理图。

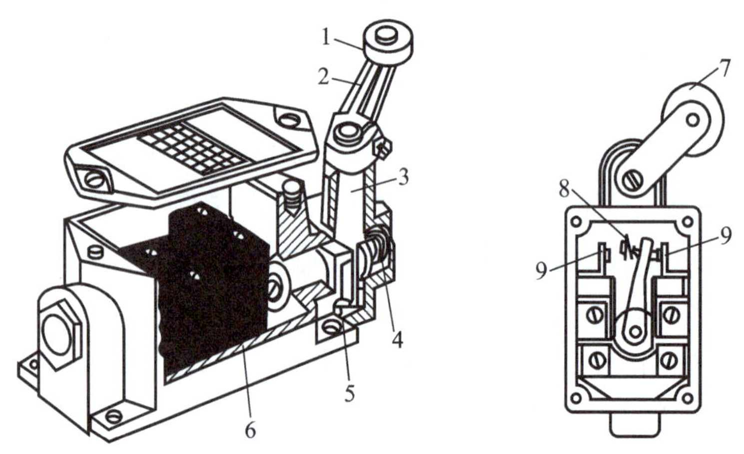

图 4–9 行程开关的动作原理图

1—滚轮；2—杠杆；3—轴；4—复位弹簧；
5—撞块；6—微动开关；7—滚轮；8—动触点；9—静触点

（3）行程开关的型号含义。行程开关的型号含义如下：

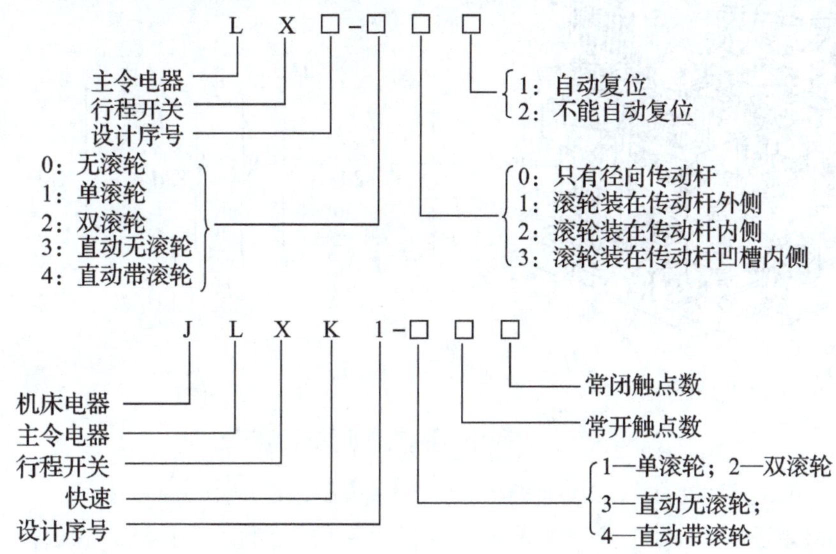

5. 接触器

电磁式接触器最重要的部分是线圈和主触点。线圈直接置于控制电路，受控制电路控制。主触点则连接在电源和负载（如电动机）之间。当控制电路使线圈通电时，主触点闭合，负载得电；当线圈断电时，主触点断开，负载失电。

接触器可以实现控制室到现场设备的远程控制，以解决控制电路电流过小而不能直接驱动大电流负载等问题。接触器在低压电气系统中被广泛使用，常用来控制交流电动机、直流电动机、电加热器、电容器组等设备的通断，适合用于需要远距控制、频繁通断控制、大容量控制等场合。

接触器的分类有几种不同的方式：按操作方式分，有电磁接触器、气动接触器和电磁气动接触器；按灭弧介质分，有空气电磁式接触器、油浸式接触器和真空接触器等；按主触点控制的电流种类分，又有交流接触器、直流接触器、切换电容接触器等。另外还有建筑用接触器、机械联锁（可逆）接触器和智能化接触器等，建筑用接触器的外形结构与模块化小型断路器类似，可与模块化小型断路器一起安装在标准导轨上。其中应用最广泛的是空气电磁式交流接触器和空气电磁式直流接触器，习惯上简称为交流接触器和直流接触器。

1）交流接触器的外形结构与符号

交流接触器的外形结构和符号如图 4-10 所示。

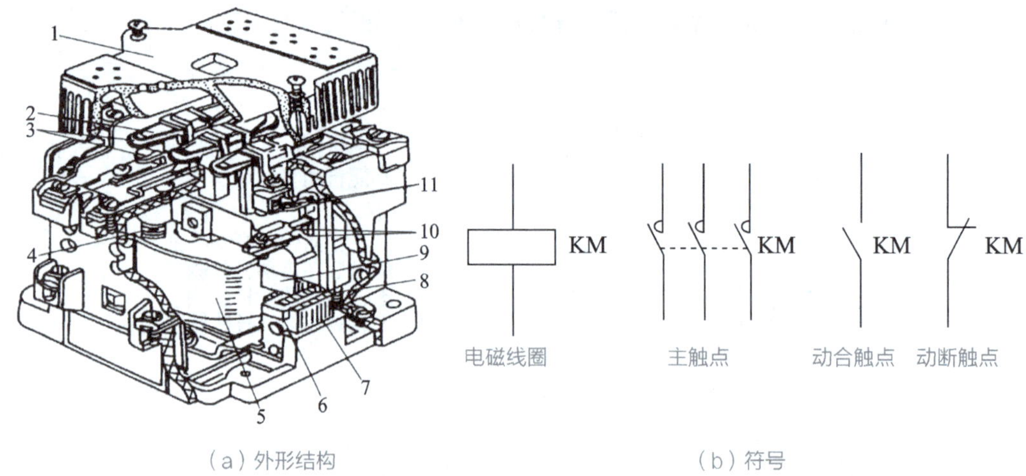

（a）外形结构　　（b）符号

图 4-10　交流接触器的外形结构和符号

1—灭弧罩；2—触点压力弹簧片；3—主触点；4—反作用弹簧；5—线圈；
6—短路环；7—静铁心；8—弹簧；9—动铁心；10—辅助动合触点；11—辅助动断触点

2）交流接触器的组成及动作原理

（1）交流接触器的组成。

① 电磁机构。电磁机构用来操作触点的闭合和分断，它由静铁心、线圈和衔铁三部分组成。

② 主触点和灭弧系统。主触点一般由接触面积较大的常开触点组成。交流接触器在分断大电流电路时，往往会在动、静触点之间产生很强的电弧，因此容量较大（20 A 以上）的交流接触器均装有息弧罩，有的还有栅片或磁吹熄弧装置。

③ 辅助触点。辅助触点一般接在控制电路中，通过的电流较小。它由常开触点和常闭触点成对组成。辅助触点不装设灭弧装置，所以它不能用来分合主电路。

④ 反力装置。由释放弹簧和触点弹簧组成，且它们均不能进行弹簧松紧的调节。

⑤ 支架和底座。用于接触器的固定和安装。

（2）交流接触器的动作原理。

当交流接触器线圈通电后，在铁心中产生磁通。由此在衔铁气隙处产生吸力，带动主触点和辅助触点动作。当线圈断电或电压显著降低时，吸力消失或减弱，衔铁在释放弹簧的作用下使主、副触点恢复到原来的状态。

交流接触器的外形结构如图 4-11 所示。

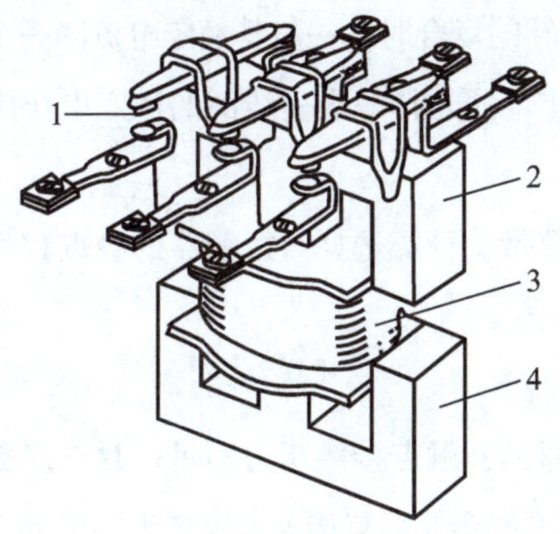

图 4-11 交流接触器的外形结构

1—主触点；2—动触点；3—电磁线圈；4—静铁心

3）接触器的型号含义

接触器的型号含义为：

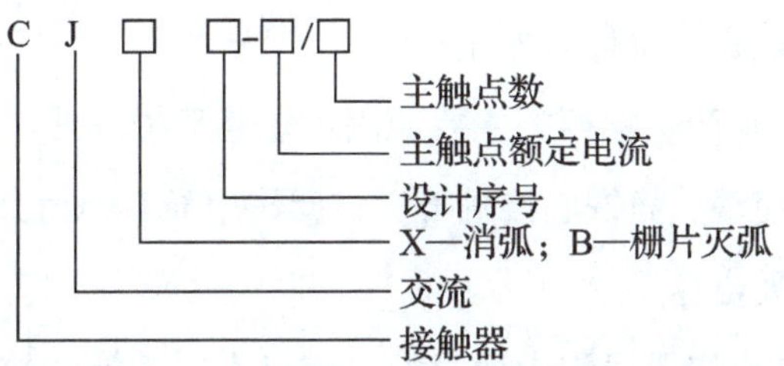

目前我国常用的交流接触器主要有 CJ20、CJXI、CJXZ、CJ12 和 CJ10 等系列，引进产品应用较多的有引进德国 BBC 公司制造技术生产的 B 系列，引进的德国 SIEMENS 公司的 3TB 系列、法国 TE 公司的 LCI 系列等。

4）交流接触器的选择

（1）接触器的类型选择。根据接触器所控制的负载性质来选择接触器的类型。

（2）额定电压的选择。接触器的额定电压应大于或等于负载回路的电压。

（3）额定电流的选择。接触器的额定电流应大于或等于被控回路的额定电流。

对于电动机负载，可按下列经验公式计算：

$$I_C=(P_N\times10^3)/KU_N$$

式中 I_C——通过接触器主触点的电流（A）；

P_N——电动机的额定功率（W）；

K——经验系数，一般取 1 ~ 1.4；

U_N——电动机的额定电压（V）。

接触器的额定电流应大于 I_C，也可查手册，根据其技术数据确定。接触器如使用在频繁启动、制动和正反转的场合时，一般其额定电流降一个等级选用。

（4）吸引线圈的额定电压选择。吸引线圈的额定电压应与所接控制电路的电压一致。

（5）接触器的触点数量、种类选择。接触器的触点数量和种类应满足主电路和控制电路的要求。

5）接触器常见故障分析

（1）触点过热主要原因：触点接触压力不足；触点表面接触不良；触点表面被电弧灼伤烧毛等。以上原因都会使触点接触电阻增大，使触点过热。

（2）触点磨损的原因有两种：一种是电气磨损，触点间电弧或电火花的高温使触点金属气化；另一种是机械磨损，触点闭合时的撞击、触点表面的滑动摩擦等造成磨损。

（3）线圈断电后触点不能复位的原因：触点熔焊在一起；铁心剩磁太大；反作用弹簧弹力不足；铁心端面有油污等。

（4）衔铁振动和产生噪声的主要原因：短路环损坏或脱落；衔铁歪斜或铁心端面有锈蚀、尘垢，使动、静铁心接触不良；反作用弹簧弹力太大；活动部分受到卡阻而使衔铁不能完全吸合等。

（5）线圈过热或烧毁线圈中通过的电流过大时，就会使线圈过热甚至烧毁。线圈中电流过大的主要原因：线圈匝间短路；衔铁与铁心闭合后有间隙；操作频繁，超过了允许的操作频率；外加电压高于线圈额定电压等。

6）交流接触器与直流接触器的比较

交流接触器和直流接触器的结构和工作原理基本相同，但也有不同之处。

在电磁机构方面，对于交流接触器，为了减小因涡流和磁滞损耗造成的能量损失和温升，铁心和衔铁用硅钢片叠成。线圈绕在骨架上做成扁而厚的形状，与铁心隔离，这样有利于铁心和线圈的散热。而对于直流接触器，由于铁心中不会产生涡流和磁滞损耗，所以不会发热，铁心和衔铁用整块电工软钢做成。为使线圈散热良好，通常将线圈绕制成高而薄的圆筒状，且不设线圈骨架，使线圈和铁心直接接触以利于散热。对于大容量的直流接触器，往往采用串联双绕组线圈，一个为启动线圈，另一个为保持线圈，接触器本身的一个常闭辅助触点与保持线圈并联连接。在电路刚接通瞬间，保持线圈被常闭触点短接，可使启动线圈获得较大的电流和吸力。当接触器动作后，常闭触点断开，两线圈串联通电，由于电源电压不变，所以电流减小，但仍可保持衔铁吸合，因而可以减少能量损耗和延长电磁线圈的使用寿命。中小容量的交、直流接触器的电磁机构一般都采用直动式磁系统，大容量的采用绕棱角转动的拍合式电磁铁结构。

中小容量的交、直流接触器的主、辅触点一般都采用直动式双断点桥式结构设计，大容量的主触点采用转动式单断点指型触点。交流接触器的主触点通过交流主回路电流，产生的电弧也是交流电弧；直流接触器主触点通过直流主回路电流，电弧也是直流电弧。由于直流电弧比交流电弧难以熄灭，直流接触器常采用磁吹式灭弧装置灭弧，交流接触器常采用多纵缝灭弧装置灭弧。接触器的辅助触点用于控制回路，可根据需要按使用类别选用。

6. 继电器

继电器是一种根据某种物理量的变化，使其自身的执行机构动作的电器。

继电器的种类很多，主要按以下方法分类：

（1）按用途划分，包括控制继电器、保护继电器等。

（2）按动作原理划分，包括电磁式继电器、感应式继电器、热继电器、机械式继电器、电动式继电器、电子式继电器等。

（3）按动作信号划分，包括电流继电器、电压继电器、时间继电器、速度继电器、温度继电器、压力继电器等。

（4）按动作时间划分，包括瞬时继电器、延时继电器。

1）热继电器

热继电器主要用于电动机的过载保护、断相保护、电流不平衡运行的保护及其他电气设备发热状态的控制。

电动机在实际运行中常遇到过载情况。若电动机过载不大，时间较短，电动机绕组不超过允许温升，这种过载是允许的。但若过载时间长，过载电流大，电动机绕组的温升就会超过允许值，使电动机绕组绝缘老化，缩短电动机的使用寿命，严重时甚至会使电动机绕组烧毁。所以，这种过载是电动机不能承受的。

热继电器可以对过载情况做出检测。当过载造成的发热超过一定范围时，其触点动作。热继电器的触点信号可以送入控制电器，为控制电路提供过载信号，从而实现对电动机的过载保护。热继电器具有反时限保护特性，即：过载电流大，动作时间短；过载电流小，动作时间长。

（1）热继电器的外形结构及符号。热继电器的外形结构如图 4–12（a）所示，

图 4-12（b）所示为热继电器的图形和文字符号。

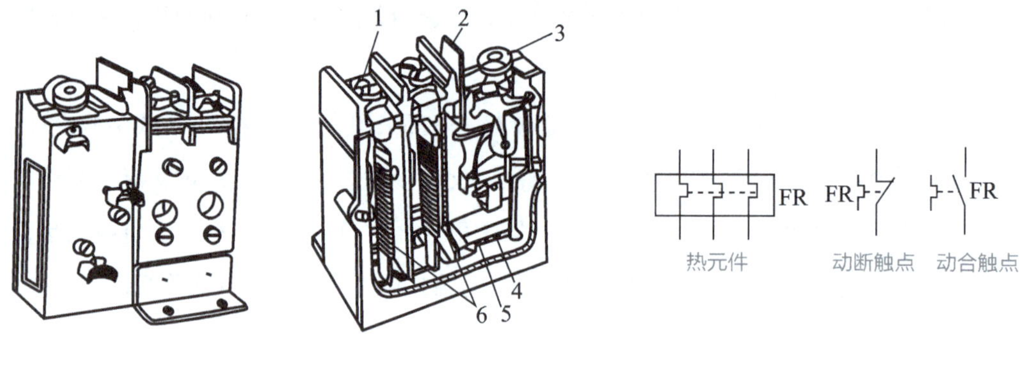

(a) 外形结构　　(b) 符号

图 4-12　热继电器外形结构及符号

1—接线柱；2—复位按钮；3—调节旋钮；4—动断触点；5—动作机构；6—热元件

（2）热继电器的动作原理。热继电器动作原理示意图如图 4-13 所示。使用时，将热继电器的三相热元件分别串接在电动机的三相主电路中，动断触点串接在控制电路的接触器线圈回路中。当电动机过载时，通过电阻丝（热元件）的电流增大，电阻丝产生的热量使金属片弯曲，经过一定时间后，弯曲位移增大，推动导板移动，使其动断触点断开、动合触点闭合，使接触器线圈断电，接触器触点断开，将电源切除，起过载保护作用。

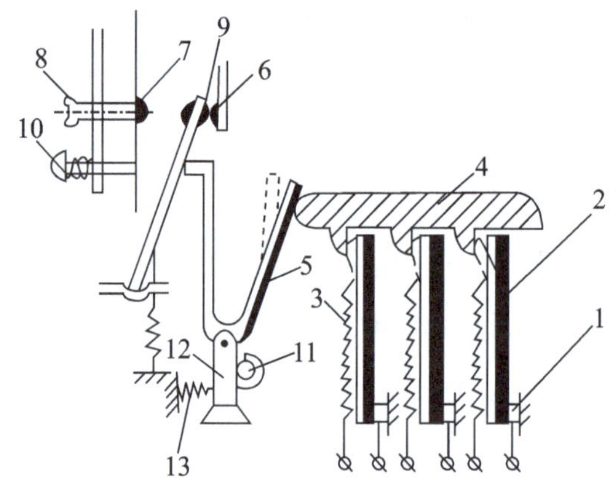

图 4-13　热继电器动作原理示意图

1—推杆；2—主双金属片；3—加热元件；4—导板；5—补偿双金属片；6—静触点；

7—静触点；8—复位调节螺钉；9—动触点；10—复位按钮；11—调节旋钮；12—支撑件；13—弹簧

（3）热继电器的型号含义。JR16、JR20 系列是目前广泛应用的热继电器，其型号含义如下：

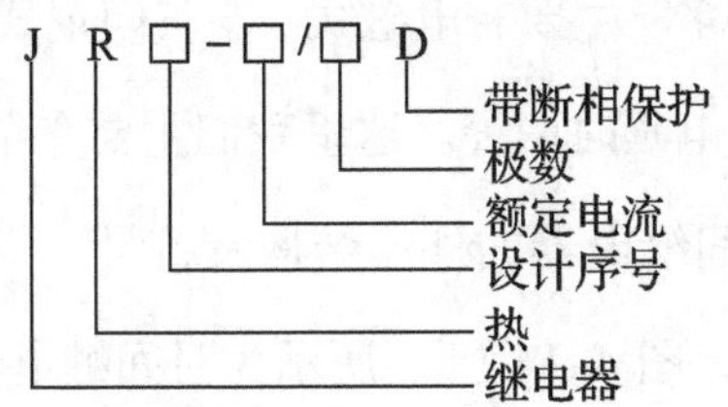

（4）热继电器的选用。选用热继电器应考虑的主要因素：额定电流或热元件的整定电流要求应大于被保护电路或设备的正常工作电流。用作电动机保护时，要考虑其型号、规格、特性、正常启动时的启动时间和启动电流、负载的性质等。在接线上，对于星形连接的电动机，可选两相或三相结构的热继电器；对于三角形连接的电动机，应选择带断相保护的热继电器。所选用的热继电器的整定电流通常与电动机的额定电流相等。

总之，选用热继电器要注意下列五点：

①先由电动机额定电压和额定电流计算出热元件的电流范围，然后选型号及电流等级。例如：电动机额定电流 I_C=14.7 A，则可选 JR0–40 型热继电器，因其热元件电流 I_R=16 A。工作时将热元件的动作电流整定为 14.7 A。

②要根据热继电器与电动机的安装条件和环境的不同，将热元件的电流做适当调整。如果是高温场合，热源间的电流应放大 1.05 ~ 1.20 倍。

③设计成套电气装置时，热继电器应尽量远离发热电器。

④通过热继电器的电流与整定电流之比称为整定电流倍数。其值越大发热越快，动作时间越短。

⑤对于点动、重载启动、频繁正反转及带反接制动等运行的电动机，一般不用热继电器作过载保护。

2）时间继电器

时间继电器的线圈在通电或断电后，需要经过一段时间的延时，其触点才动作，被广泛用于要求设备按时间顺序动作的场合。

时间继电器的型号含义为：

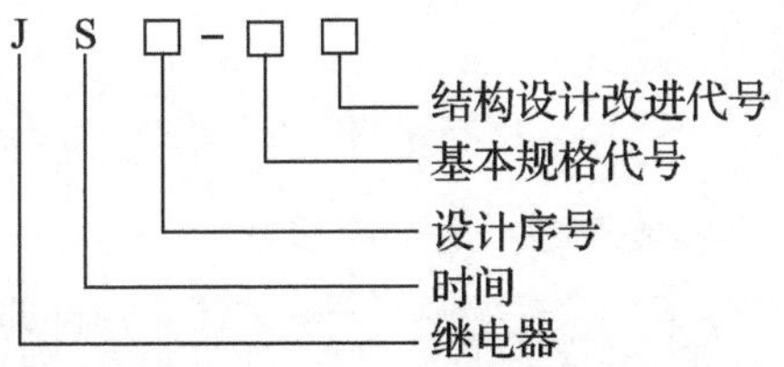

时间继电器的种类很多，主要有电磁式、空气阻尼式、电动式、电子式等几大类。延时方式有通电延时和断电延时两种。这里我们主要介绍空气阻尼式时间继电器。

（1）空气阻尼式时间继电器的外形结构及符号。空气阻尼式时间继电器的外形结构如图 4-14（a）所示，图 4-14（b）所示为时间继电器的图形和文字符号。

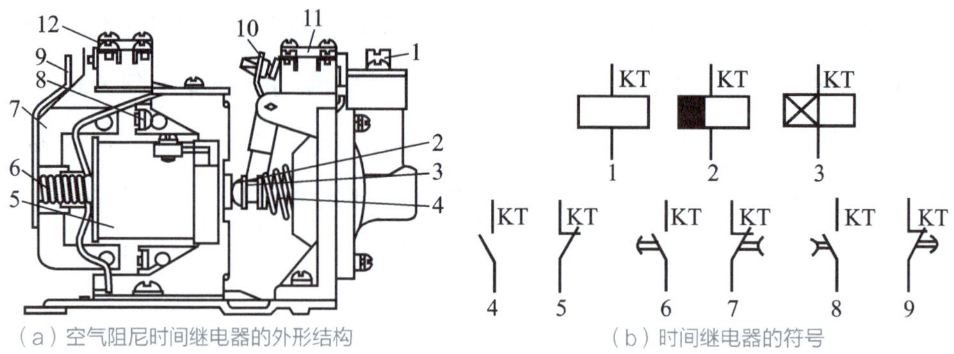

（a）空气阻尼时间继电器的外形结构　　（b）时间继电器的符号

图 4-14　空气阻尼时间继电器的外形结构及时间继电器的符号

（a）1—调节螺丝；2—推板；3—推杆；4—宝塔弹簧；5—电磁线圈；6—反作用弹簧；7—衔铁；8—铁心；9—弹簧片；10—杠杆；11—延时触点；12—瞬时触点；

（b）1—线圈一般符号；2—断电延时型线圈；3—通电延时型线圈；4—瞬时动合触点；5—瞬时动断触点；6—延时闭合动合触点；7—延时断开动断触点；8—延时断开动合触点；9—延时闭合动断触点

（2）动作原理。图 4-15 所示为 JS7-A 系列时间继电器的结构示意图。

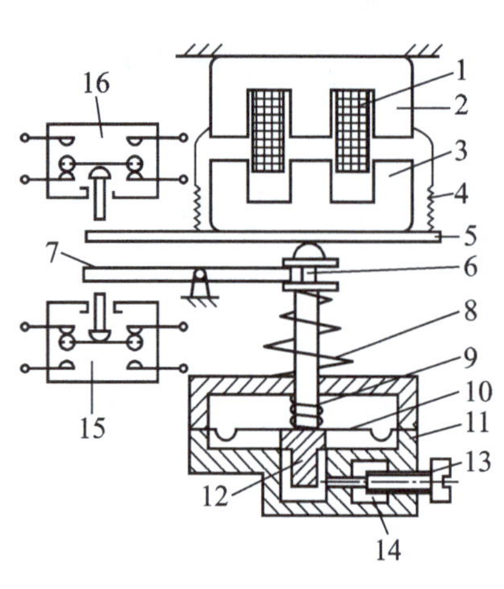

(a) 通电延时型

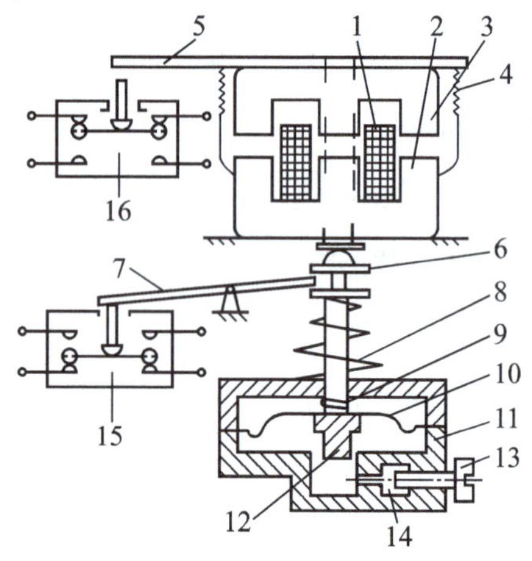

(b) 断电延时型

图 4-15　JS7-A 时间继电器结构示意图

1—线圈；2—铁心；3—衔铁；4—复位弹簧；5—推板；6—活塞杆；7—杠杆；8—塔形弹簧；9—弱弹簧；10—橡皮模；11—空气室壁；12—活塞；13—调节螺杆；14—进气孔；15，16—微动开关

空气阻尼式时间继电器又称气囊式时间继电器，它是利用空气阻尼作用达到延时的目的。它由电磁机构、延时机构和触点组成。空气阻尼式时间继电器的电磁机构有交流、直流两种，延时方式有通电延时型和断电延时型（改变电磁机构位置，将电磁机构翻转180° 安装）。当动铁心（衔铁）位于静铁心和延时机构之间位置时，为通电延时型；当静铁心位于动铁心和延时机构之间位置时，为断电延时型。

现以通电延时型为例说明其工作原理。当线圈1得电后衔铁（动铁心）3吸合，活塞杆6在塔形弹簧8的作用下带动活塞12及橡皮膜10向上移动，橡皮膜下方空气室变得稀薄，形成负压，活塞杆只能缓慢移动，其移动速度由进气孔气息大小来决定。经一段延时后活塞杆通过杠杆7压动微动开关15，使其触点动作，起到通电延时的作用。当线圈断电时，衔铁释放，橡皮膜下方空气室内的空气通过活塞肩部所形成的单向阀迅速地排出，使活塞杆、杠杆、微动开关等迅速复位。线圈得电到触点动作的一段时间即为时间继电器的延时时间，其大小可以通过调节螺杆13调节进气孔气隙大小来改变。

断电延时型的结构、工作原理与通电延时型相似，只是电磁铁安装方向不同，即当衔铁吸合时推动活塞复位，排出空气。当衔铁释放时活塞杆在弹簧作用下使活塞向下移动，实现断电延时。

在线圈通电和断电时，微动开关16在推板5的作用下都能瞬时动作，其触点即为时间继电器的瞬时动触点。

空气阻尼式时间继电器延时时间有0.4 ~ 180 s和0.4 ~ 60 s两种规格，具有延时范围宽、结构简单、工作可靠、价格低廉、寿命长等优点，是交流控制电路中常用的时间继电器。它的缺点是延时误差较大（±10% ~ ±20%），无调节刻度指示，难以精确地整定延时值。在对延时精度要求高的场合，不宜使用这种时间继电器。

二、电动机基本控制电路

电气控制电路图包括电气原理图、电气接线图和电器布置图。

电气原理图是根据工作原理而绘制的，具有结构简单、层次分明、便于研究和分析电路的工作原理等优点。

电气原理图包括主电路和控制电路。主电路包括从电源到电动机的电路，是强电流通过的部分，用粗线条画在原理图的左边。控制电路是通过弱电流的电路，一般由按钮、电气元件的线圈、接触器的辅助触点、继电器的触点等组成，用细线条画在原理图的右边。

同一电气元件的各部件可以不画在一起，但需用同一文字符号标出。若有多个同类电器，可在文字符号后加上数字序号，例如 KM_1、KM_2 等。

所有按钮、触点均按没有外力作用和没有通电时的原始状态画出。控制电路的分支电路，原则上按照动作先后顺序排列，两线交叉连接时的电气连接点须用黑点标出。

电气控制电路使用的图形、文字符号必须符合最新的国家标准。

1. 三相笼型电动机直接启动控制

在电源容量足够大时，小容量笼型电动机可直接启动。直接启动的优点是电气设备少，电路简单；缺点是启动电流大，易引起供电系统电压波动，干扰其他用电设备的正常工作。

1）点动控制

如图 4–16 所示，主电路由刀开关 QS、熔断器 FU、交流接触器 KM 的主触点和笼型电动机 M 组成；控制电路由启动按钮 SB 和交流接触器 KM 线圈组成。

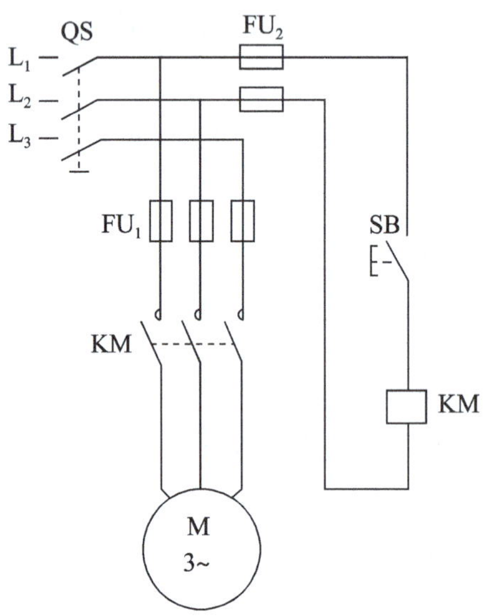

图 4–16　点动控制电路

电路的工作过程如下：

启动过程：先合上刀开关 QS →按下启动按钮 SB →接触器 KM 线圈通电→接触器 KM 主触点闭合→电动机 M 通电直接启动。

停机过程：松开启动按钮 SB →接触器 KM 线圈断电→接触器 KM 主触点断开→

电动机 M 停电停转。

按下按钮，电动机转动，松开按钮，电动机停转，这种控制就叫点动控制，它能实现电动机短时转动，常用于机床的对刀调整等。

2）连续运行控制

在实际生产中往往要求电动机实现长时间连续转动，即所谓长动控制。如图 4-17 所示，主电路由刀开关 QS、熔断器 FU_1、接触器 KM 的主触点、热继电器 FR 的发热元件和电动机 M 组成，控制电路由停止按钮 SB_2、启动按钮 SB_1、接触器 KM 的常开辅助触点和线圈、热继电器 FR 的常闭触点组成。

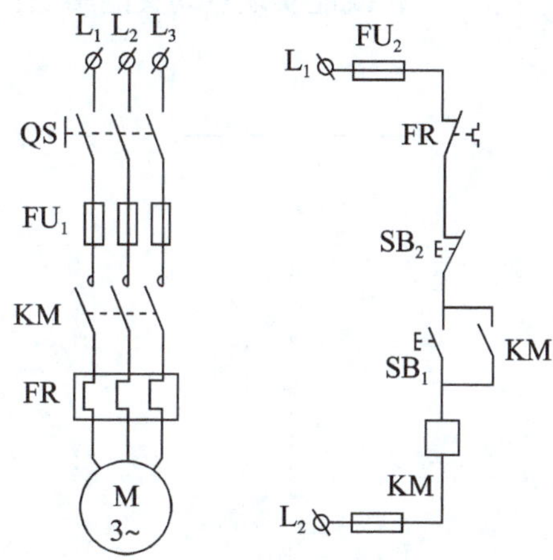

图 4-17　连续运行控制电路

工作过程如下：

启动：合上刀开关 QS →按下启动按钮 SB_1 →接触器 KM 线圈通电→接触器 KM 主触点闭合和常开辅助触点闭合→电动机 M 接通电源运转→松开 SB_1，由于 KM 常开辅助触点已经闭合，电动机 M 连续运转。

停机：按下停止按钮 SB_2 →接触器 KM 线圈断电→接触器 KM 主触点和辅助常开触点断开→电动机 M 断电停转。

在连续控制中，当启动按钮 SB_1 松开后，接触器 KM 的线圈通过其辅助常开触点的闭合仍继续保持通电，从而保证电动机的连续运行。这种依靠接触器自身辅助常开触点的闭合而使线圈保持通电的控制方式，称为自锁或自保。起到自锁作用的辅助常开触点称为自锁触点。

电路设有以下保护环节：

（1）短路保护：短路时，熔断器 FU_1 的熔体熔断而切断电路，起到保护作用。

（2）电动机长期过载保护：使用热继电器 FR。电动机长期过载时，热继电器动作，它的常闭触点断开使控制电路断电。

（3）欠电压、失电压保护：通过接触器 KM 的自锁环节来实现。当电源电压由于某种原因而严重欠电压或失电压（例如停电）时，接触器 KM 断电释放，电动机停止转动。当电源电压恢复正常时，接触器线圈不会自行通电，电动机也不会自行启动，只有在操作人员重新按下启动按钮后，电动机才能启动。

本控制电路具有如下优点：

（1）防止电源电压严重下降时电动机欠电压运行。

（2）防止电源电压恢复时，电动机自行启动而造成设备和人身事故。

（3）避免多台电动机同时启动造成电网电压的严重下降。

3）点动和长动结合的控制

在生产实践中，有时要求电动机既能实现点动又能实现长动，控制电路如图 4–18 所示。

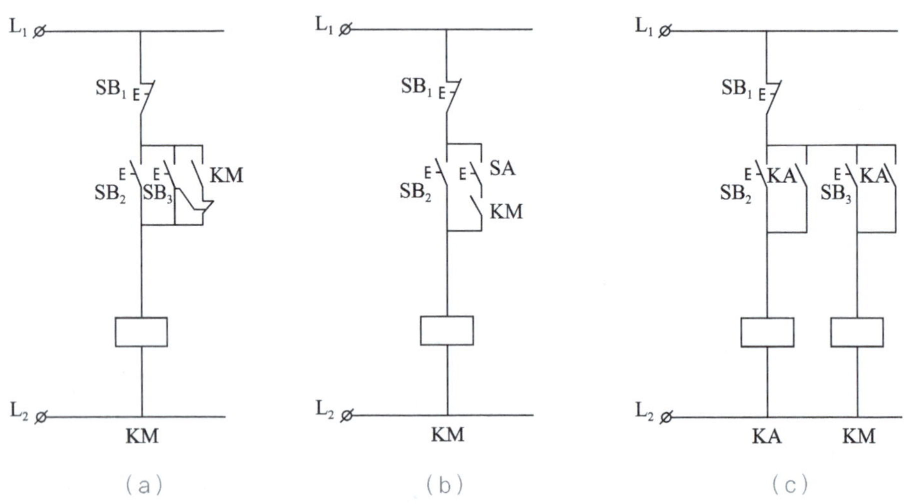

图 4–18 点动和长动结合的控制电路

图 4–18（a）所示的电路采用复合按钮 SB_3 实现控制。点动控制时，按动复合按钮 SB_3，断开自锁回路→ KM 线圈通电→电动机 M 点动；长动控制时，按动启动按钮 SB_2→接触器 KM 线圈通电，自锁触点起作用→电动机 M 长动运行。此电路在点动控制时，若接触器 KM 的释放时间大于复合按钮的复位时间，则点动结束，SB_3 松开时，SB_3 常闭触点已闭合但接触器 KM 的自锁触点尚未打开，会使自锁电路继续通电，则电路不能实现正常的点动控制。

图 4–18（b）所示的电路比较简单，采用钮子开关 SA 实现控制。点动控制时，先把 SA 打开，断开自锁电路→按动 SB_2→接触器 KM 线圈通电→电动机 M 点动；长动控制时，把 SA 合上→按动 SB_2→接触器 KM 线圈通电，自锁触点起作用→电动机 M 实现长动。

图 4–18（c）所示的电路采用中间继电器 KA 实现控制。点动控制时，按动启动按钮 SB_3→接触器 KM 线圈通电→电动机 M 点动。长动控制时，按动启动按钮 SB_2→

中间继电器 KA 线圈通电并自锁→接触器 KM 线圈通电→电动机 M 实现长动。此电路多用了一个中间继电器，使工作可靠性提高了。

2. 顺序连锁控制电路

在生产实践中，有时要求一个拖动系统中多台电动机实现先后顺序工作，例如机床中要求润滑电动机启动后，主轴电动机才能启动。图 4–19 所示为两台电动机顺序启动控制电路。

在图 4–19（a）中，接触器 KM_1 控制电动机 M_1 的启动、停止；接触器 KM_2 控制电动机 M_2 的启动、停止。现要求电动机 M_1 启动后，电动机 M_2 才能启动。

工作过程如下：合上开关 QS →按下启动按钮 SB_1 →接触器 KM_1 通电→电动机 M_1 启动→接触器 KM_1 常开辅助触点闭合→按下启动按钮 SB_2 →接触器 KM_2 通电→电动机 M_2 启动。

按下停止按钮 SB_3，两台电动机同时停止。如改用图 4–19（b）所示电路的接法，可以省去接触器 KM_1 的常开触点，使电路得到简化。

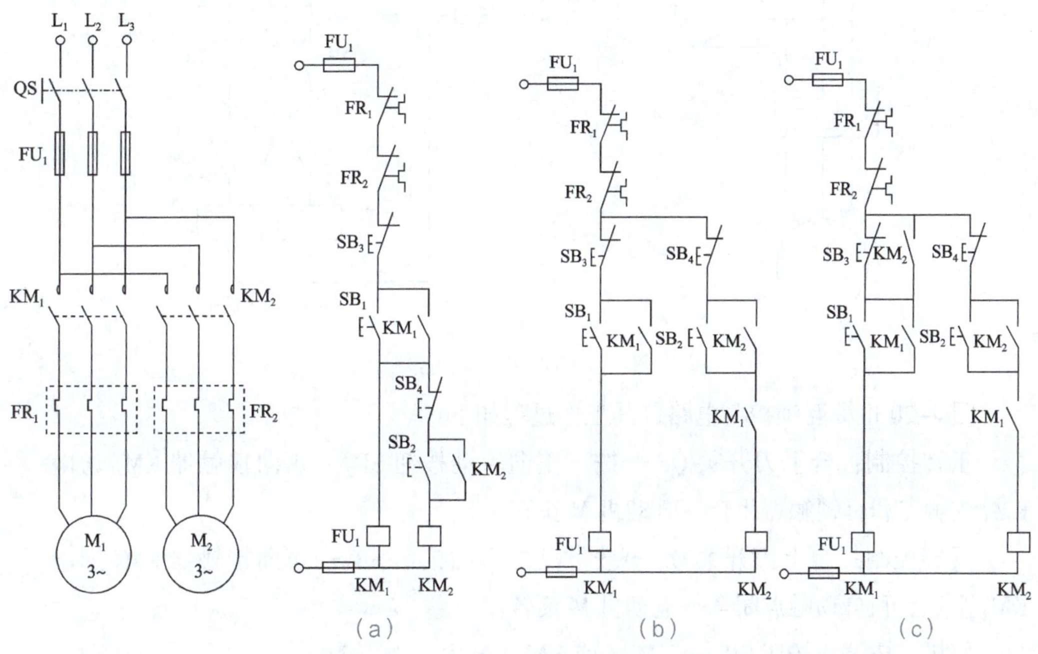

图 4–19　两台电动机顺序启动控制电路

电动机顺序控制的接线规律如下：

（1）要求接触器 KM_1 动作后接触器 KM_2 才能动作，故将接触器 KM_1 的常开触点串接于接触器 KM_2 的线圈电路中。

（2）要求接触器 KM_1 动作后接触器 KM_2 不能动作，故将接触器 KM_1 的常闭辅助触点串接于接触器 KM_2 的线圈电路中。

3. 互锁控制电路

在实际应用中，往往要求生产机械改变运动方向，例如工作台的前进、后退，电梯的上升、下降等，这就要求电动机能实现正、反转。对于三相异步电动机来说，可通过两个接触器来改变电动机定子绕组的电源相序来实现。电动机正、反转控制电路如图 4–20 所示，接触器 KM_1 为正向接触器，控制电动机 M 正转；接触器 KM_2 为反向接触器，控制电动机 M 反转。

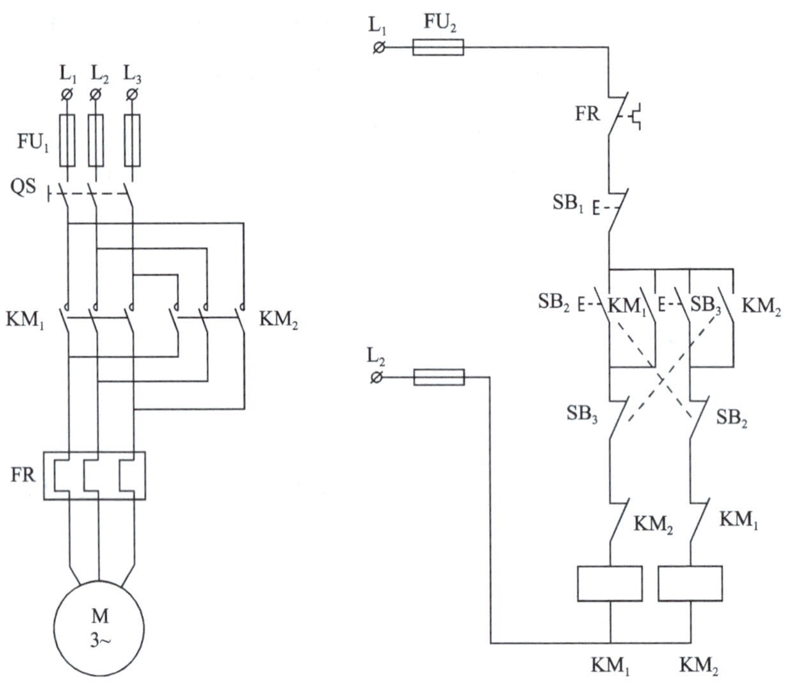

图 4–20 电动机正、反转控制电路

图 4–20 也称互锁控制电路，其工作过程如下：

正转控制：合上刀开关 QS →按下正向启动按钮 SB_2 →正向接触器 KM_1 通电→ KM_1 主触点和自锁触点闭合→电动机 M 正转。

反转控制：合上刀开关 QS →按下反向启动按钮 SB_3 →正向接触器 KM_2 通电→ KM_2 主触点和自锁触点闭合→电动机 M 反转。

停机：按停止按钮 SB_1 → KM_1（或 KM_2）断电→ M 停转。

将任何一个接触器的辅助常闭触点串入对应的另一个接触器线圈电路中，其中任何一个接触器先通电后，切断了另一个接触器的控制回路，即使按下相反方向的启动按钮，另一个接触器也无法通电。这种利用两个接触器的辅助常闭触点互相控制的方式，叫电气互锁，或叫电气联锁。起互锁作用的常闭触点叫互锁触点。另外，该电路只能实现“正→停→反”或者“反→停→正”控制，即必须按下停止按钮后，再反向或正向启动。这对需要频繁改变电动机运转方向的设备来说，是很不方便的。

为了提高生产率，直接正、反向操作，利用复合按钮组成“正→反→停”或“反→正→停”的互锁控制。如图 4–20 所示，复合按钮的常闭触点同样起到互锁的作用，这样的互锁称为机械互锁。该电路既有接触器常闭触点的电气互锁，也有复合按钮常闭触点的机械互锁，即具有复合联锁。该电路操作方便，安全可靠。

4. 多地控制电路

能在两地及两地以上控制同一台电动机的控制方式称为电动机的多地控制。

图 4–21 所示为两地控制的控制电路。其中 SB_1、SB_3 为安装在甲地的启动按钮和停止按钮，SB_2、SB_4 为安装在乙地的启动按钮和停止按钮。

电路的特点：启动按钮应并联接在一起，停止按钮应串联接在一起。这样就可以分别在甲、乙两地控制同一台电动机，达到操作方便的目的。对于三地及三地以上的控制，只要将各地的启动按钮并联、停止按钮串联即可。

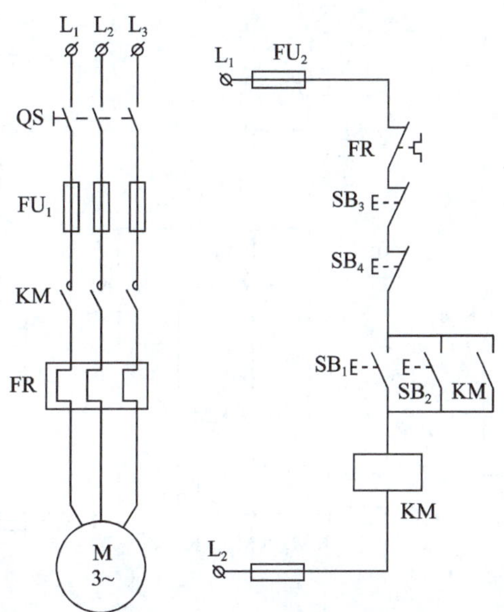

图 4–21　两地控制电路

5. 时间原则的控制电路

三角形减压启动控制电路是按时间原则实现控制的。

星形 - 三角形（Y- △）降压启动是指电动机启动时，把定子绕组接成星形，以降低启动电压，减小启动电流；待电动机启动后，再把定子绕组改接成三角形，使电动机全压运行。Y- △启动只能用于正常运行时为△形接法的电动机。

1）按钮、接触器控制 Y- △降压启动控制电路

图 4–22（a）所示为按钮、接触器控制 Y- △降压启动控制电路。

电路的工作原理：按下启动按钮 SB_1，KM_1、KM_2 得电吸合，KM_1 自锁，电动机

星形启动，待电动机转速接近额定转速时，按下 SB_2，KM_2 断电、KM_3 得电并自锁，电动机转换成三角形全压运行。

2）时间继电器控制 Y- △降压启动控制电路

图 4–22（b）所示为时间继电器控制 Y－△降压启动控制电路。

电路的工作原理：按下启动按钮 SB_1，KM_1、KM_2 得电吸合，电动机星形启动，同时 KT 也得电，经延时后时间继电器 KT 常闭触点打开，使得 KM_2 断电，常开触点闭合，使得 KM_3 得电闭合并自锁，电动机由星形切换成三角形正常运行。

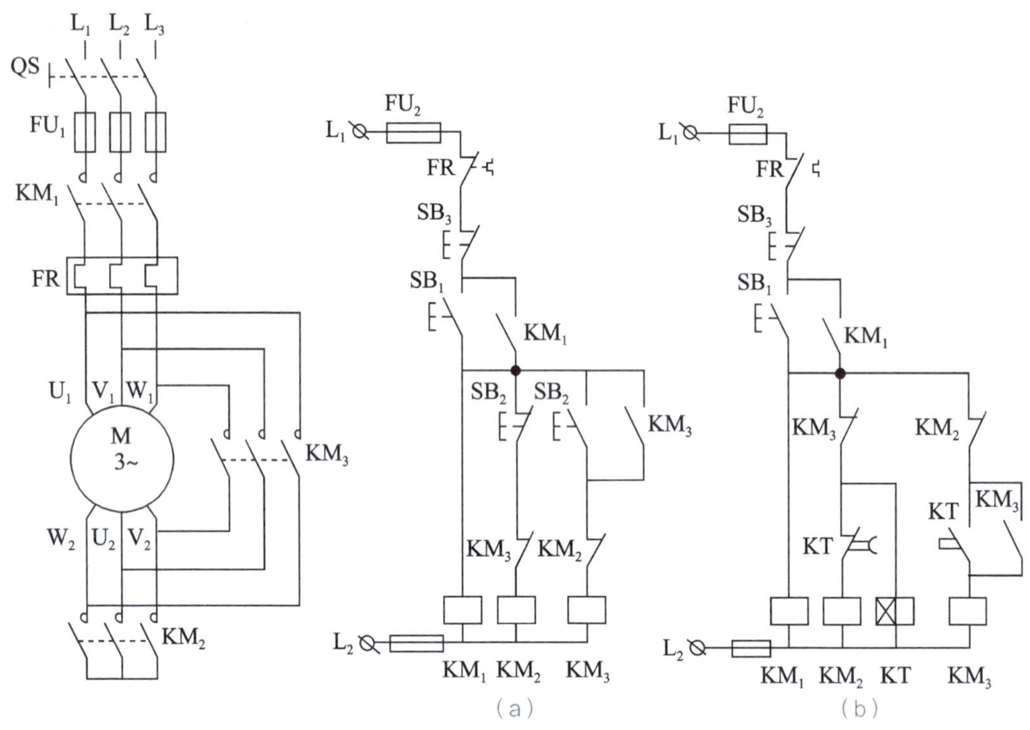

图 4–22 Y- △降压启动控制电路

该电路结构简单，缺点是启动转矩也相应下降为三角形连接的 1/3，转矩特性差。因而本电路适用于电网电压 380 V、额定电压 660/380 V、星形或三角形连接的电动机轻载启动的场合。

技能实训

技能实训 4.1　异步电动机的单向连续运行电气控制柜的装配

一、实训目标

（1）掌握异步电机单向连续运行电路电气元件布置与安装方法，能够进行元件与电路的安装。

（2）掌握异步电机单向连续运行电路工作原理与调试方法，能够进行电路调试。

（3）能够遵守电气图纸技术规范，按照操作规范进行作业。

二、实训器具及材料

三相笼型异步电动机 1 台；电气控制柜 1 个；电器面板 1 个；接线端子排；走线槽；号码管；交流接触器、热继电器、停止按钮、启动按钮、电源开关、万用表各 1 只；熔断器 5 只；指示灯 2 只；控制变压器 1 台；电工工具及导线若干。

三、实训内容

1. 实训主要内容

①元器件的性能测试。

②按照电控柜的尺寸，布置安装电气元件。

③完成实验电路的连接，并套上号码管。

④进行电气控制电路的通电调试。

⑤相关故障的排除。

2. 实训步骤

电动机单向连续运行电气控制原理图如图 4-23 所示。

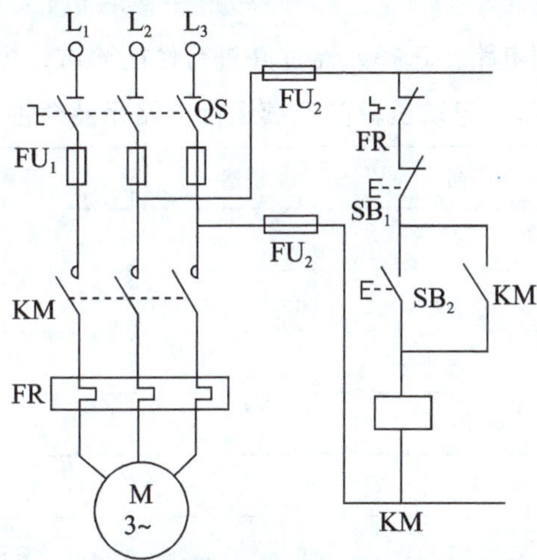

图 4-23　电动机单向连续运行电气控制原理图

1）必做环节

（1）在电气控制原理图的基础上画出还具有控制变压器和指示灯电路的系统原理图，并标上接线号码，填写在图 4–24 的方框中。

图 4–24　电动机单向连续运行系统原理图

（2）根据电气控制电路，选择元器件并进行性能测试，填入表 4–1。

表 4–1　电动机单向连续运行电路元器件性能测试表

元器件名称	型号	规格	数量	测试结果
接触器				
启动按钮				
停止按钮				
热继电器				
熔断器				
指示灯				

（3）根据电气控制电路，绘制电器板元件布置图、控制面板布置图，填在图 4–25 和图 4–26 的方框中。

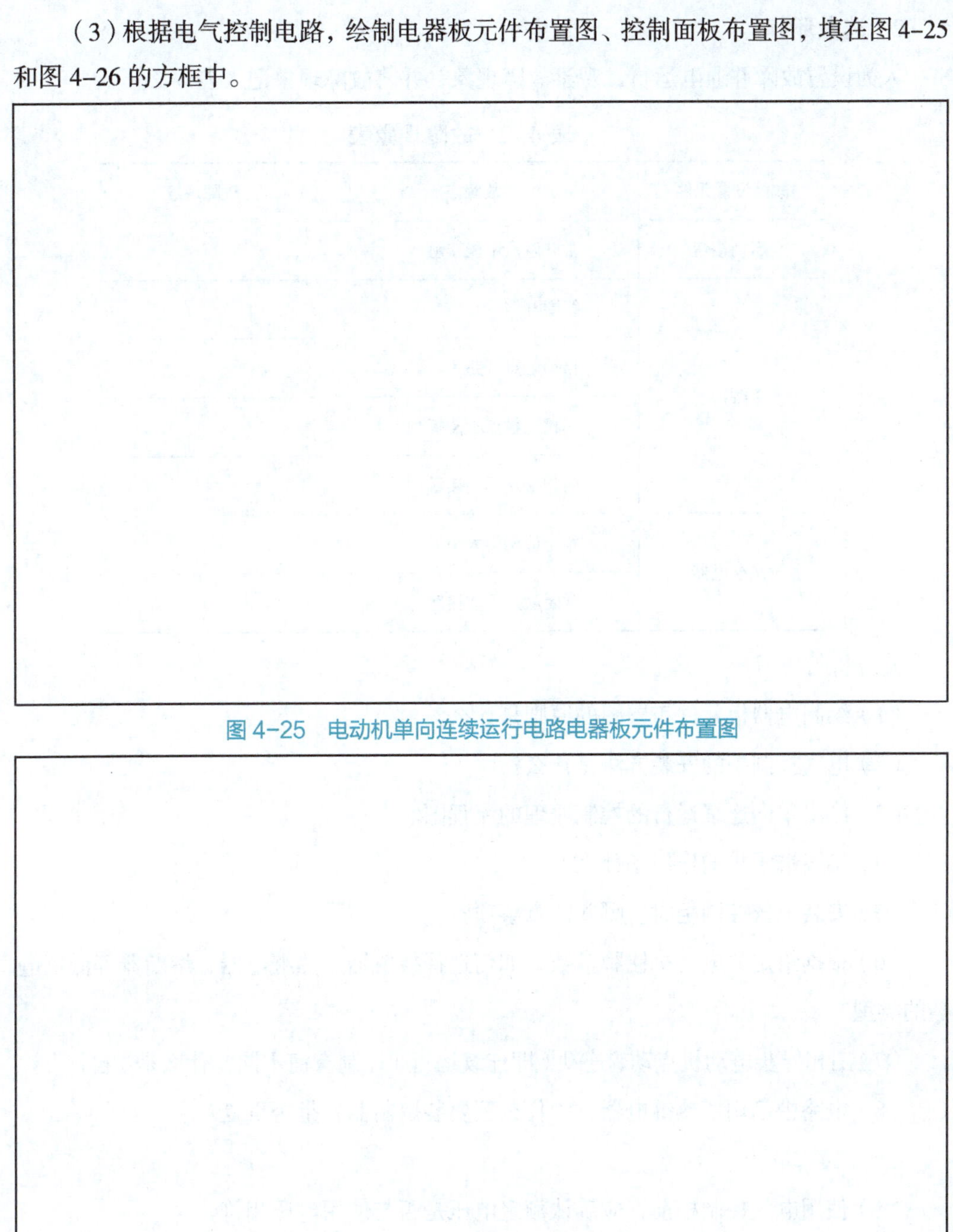

图 4–25 电动机单向连续运行电路电器板元件布置图

图 4–26 电动机单向连续运行电路控制面板布置图

（4）按照电控柜的尺寸，布置、安装电气元件，连接控制电路。

（5）进行通电调试及故障排除。

2）选做环节

人为设置故障并通电运行，观察故障现象，并将故障现象记入表 4–2。

表 4–2　故障现象表

故障设置元件	故障点	故障现象
启动按钮	常开触点不能接触	
接触器	线圈开路	
	自锁触点开路	
	一相主触点不能接触	
	两相触点不能接触	
热继电器	整定值调得太小	
	常闭触点不能接触	

3. 分析与思考

（1）绘制电器板元件布置图的原则是什么？

（2）电气控制柜的安装方法是什么？

（3）绘出单向连续运行的控制原理的流程图。

（4）接线端子排的作用是什么？

（5）安装电气控制柜时有哪些注意事项？

（6）根据给定的电动机铭牌参数，如何选择接触器、热继电器、熔断器等低压电器的类型？

（7）三相异步电动机点动、连动（即连续运行）控制有何不同？什么是“自锁”？

（8）电路中已用了热继电器，为什么还要装熔断器？是否重复？

四、注意事项

（1）使用电气控制柜前，应确认额定电压是否与使用电压相符。

（2）应按接线图进行正确的接线，不能擅自改动。

（3）电气控制柜必须安装地线，且接地要可靠。

（4）实验电路较复杂，相与相的触点距离近，因此接线时要求十分小心。

（5）通电后不要再改动电路，避免发生短路事故。

（6）控制电路的连接，起始线连在 W 相上，终点线须连在 V 相上。

技能实训 4.2 三相异步电动机的正、反转控制电路的安装与调试

一、实训目标

（1）掌握三相异步电动机正、反转控制电路电气元元件布置与安装方法，能够进行元件与电路的安装。

（2）掌握三相异步电动机正、反转控制电路工作原理与调试方法，能够进行电路调试。

（3）能够遵守电气图纸技术规范，按照操作规范进行作业。

二、实训器具及材料

控制电路装置 1 套；三相异步电动机 1 台。

三、实训内容

1. 实训原理

不少生产机械，例如吊车、刨床等都需要上下、左右等两个方向的运动，这就要求拖动它的电动机必须能实现正、反转控制。

由三相异步电动机工作原理可知，电动机的转动方向与旋转磁场的方向一致，要改变电动机的转向只要改变旋转磁场的方向即可，而旋转磁场的方向由三相电源的相序决定。因此将电动机的三根电源线中的任意两根对调，便可实现电动机的反转，如图 4–27 所示。

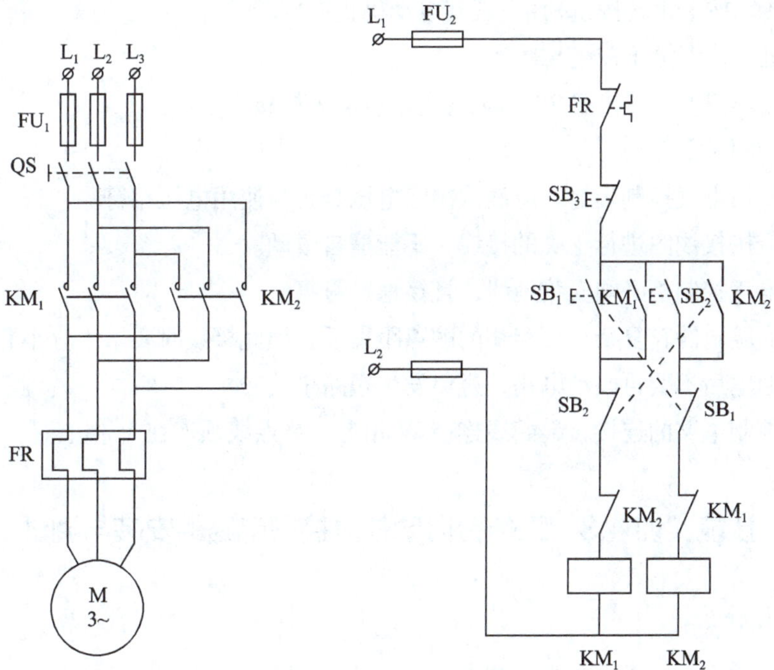

图 4–27 电动机正、反转控制电路

在图4-27所示的主电路中，SB_3是停机按钮，SB_1是正转启动按钮，KM_1是正转控制接触器，当KM_1的线圈通电，其主触点闭合，定子绕组的三个接头分别接电源的A、B、C三相，电动机正转。

SB_2是反转启动按钮，KM_2是反转控制接触器，当KM_2的线圈通电，其主触点闭合，定子绕组的三个接头分别接电源的C、B、A三相，电动机反转。可见当通入定子绕组的电流相序改变时，电动机反转。

操作时需要注意以下两点：

（1）为保证正转或反转能连续工作，在电路中设置了两个自锁开关，它们分别与其启动开关并联。如果没有自锁开关，则本电路只能实现点动运转控制。

（2）为保证正转时，反转控制电路可靠断开，即KM_1与KM_2不能同时闭合，在电路中分别设置了两个互锁开关。

2. 实训步骤

（1）按图连接好电路（注意电动机绕组接成Y形连接），同学们相互检查无误并请教师检查同意后，合上开关QS。

（2）接触器点动控制。按下正转按钮SB_1电动机旋转，松手后电动机停止转动。

（3）电动机自锁控制。将交流接触器KM_1的一对常开辅助触点并联到SB_1上，按下正转按钮，电动机正向旋转，松手后电动机继续转动。

（4）电动机正、反转控制。

①正转。按下正转按钮SB_1，观察电动机正向旋转。

②停机。按下停止按钮SB_3。

③反转。按下反转按钮SB_2，观察电动机反向旋转。

四、注意事项

（1）使用电气控制柜前，应确认额定电压是否与使用电压相符。

（2）应按接线图进行正确的接线，不能擅自改动。

（3）电气控制柜必须安装地线，且接地要可靠。

（4）实验电路较复杂，相与相的触点距离近，因此接线时要求十分小心。

（5）通电后不要再改动电路，避免发生短路事故。

（6）控制电路的连接，起始线连在W相上，终点线须连在V相上。

技能实训4.3　工作台自动往复控制电路的安装与调试

一、实训目标

（1）掌握工作台自动往复控制电路电气元件布置与安装方法，能够进行元件与电路的安装。

（2）掌握工作台自动往复控制电路工作原理与调试方法，能够进行电路调试。

（3）能够遵守电气图纸技术规范，按照操作规范进行作业。

二、实训器具及材料

三相笼型异步电动机 1 台；交流接触器；热继电器；停止按钮；启动按钮；行程开关；电源开关；万用表；熔断器；电工工具及导线若干。

三、实训内容

1. 直接启动的正、反转

（1）完成电气原理图的设计。

（2）按照原理图进行元器件的选择、电路连接。

（3）调试，排除相关故障。

2. 设计要求

（1）工作台由电动机拖动左右运动，电动机根据撞块 1 或 2 可以自动实现正、反转的循环运动，如图 4–28 所示。

（2）具有零压、欠压、短路和过载保护。

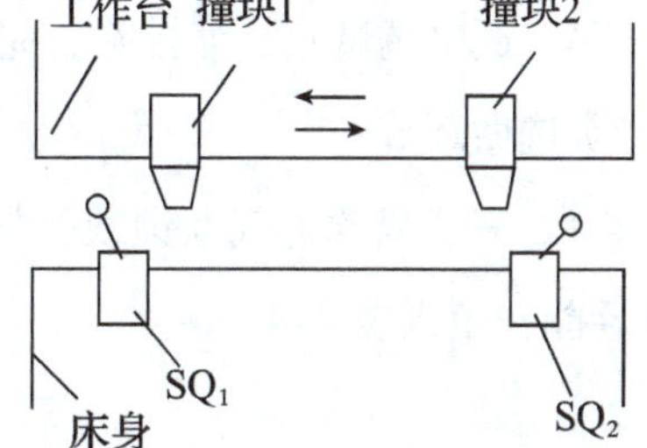

图 4–28　工作台自动往复运动示意图

3. 设计提示

可将正、反转电路应用到工作台的自动往复控制系统中，改造控制电路。

4. 实训步骤

1）必做环节

（1）自行完成电气原理图的设计，填入图 4–29 的方框中。

图 4–29　工作台自动往复运动电气原理图

（2）根据电气控制电路，选择元器件并进行性能测试，填入表 4–3。

表 4–3 工作台的自动往复控制电路元器件性能测试表

元器件名称	型号	规格	数量	测试结果
接触器				
启动按钮				
停止按钮				
行程开关				
热断电器				
熔断器				

（3）根据电气原理图进行元器件的选择、电路连接。

（4）通电调试及故障排除，完成设计要求。

2）选做环节

（1）完成只含电气互锁或机械互锁电路与具有双重互锁电路的区别演示，比较控制性能，填入表 4–4。

表 4–4 控制性能比较表

调试状态	实现功能	是否符合设计要求
只含电气互锁		
只含机械互锁		
具有双重互锁		

（2）人为设置故障并通电运行，观察故障现象，并将故障现象记入表 4–5 中。

表 4–5 工作台自动往复控制电路的故障分析表

<table>
<tr><th>故障设置元件</th><th>故障点</th><th>故障现象</th></tr>
<tr><td>反转启动按钮</td><td>常闭触点不能断开</td><td></td></tr>
<tr><td>正转接触器</td><td>常闭触点不能断开</td><td></td></tr>
<tr><td rowspan="2">反转接触器</td><td>自锁触点开路</td><td></td></tr>
<tr><td>一相触点不能接触</td><td></td></tr>
<tr><td>热继电器</td><td>动作后没有复位</td><td></td></tr>
<tr><td>行程开关</td><td>常开触点不能闭合</td><td></td></tr>
</table>

5. 分析与思考

（1）所设计的电气原理图的控制原理是什么？

（2）行程开关的工作原理是什么？

（3）找出设计图中用到了哪些典型环节？它们的作用是什么？

（4）三相异步电动机实现正、反转的方法是什么？主电路中两个交流接触器的主触点应如何接线？

四、注意事项

（1）使用电气控制柜前，应确认额定电压是否与使用电压相符。

（2）应按接线图进行正确的接线，不能擅自改动。

（3）电气控制柜必须安装地线，且接地要可靠。

（4）实验电路较复杂，相与相的触点距离近，因此接线时要求十分小心。

（5）通电后不要再改动电路，避免发生短路事故。

（6）控制电路的连接，起始线连在 W 相上，终点线须连在 V 相上。

维修电工职业技能鉴定要求

一、基本要求

电工基础知识

（1）直流电基本知识。

（2）电磁基本知识。

（3）交流电路基本知识。

（4）常用变压器与异步电动机。

（5）常用低压电器。

（6）一般生产设备的基本电气控制电路。

（7）电工读图基本知识。

二、维修电工（初级工、中级工）工作要求

类别	工作内容	技 能 要 求	相 关 知 识
初级	低压电器及电工材料的选用	1. 能识别常用低压电器的图形符号和文字符号； 2. 能识别刀开关、熔断器、断路器、接触器、热继电器、中间继电器、主令电器、漏电保护器、指示灯的规格型号，并了解其用途； 3. 能根据规格型号和安全载流量选用电线电缆； 4. 能根据使用场合选用电线管、金属线槽、塑料线槽等； 5. 能识别低压电缆接头、接线端子	1. 电线电缆分类、性能及应用知识； 2. 电工常用线材、管材的基本类型及选用知识； 3. 电工辅料的类型及选用知识； 4. 常用低压电气的结构、原理及其应用； 5. 常用低压电器图形符号和文字符号
	动力控制电路的维修	1. 能进行三相笼型异步电动机启动控制电路的检查、调试、故障排除； 2. 能进行三相笼型异步电动机正、反转控制电路的检查、调试、故障排除； 3. 能进行三相笼型异步电动机多处启动控制电路的检查、调试、故障排除； 4. 能进行三相笼型异步电动机一三角启动控制电路的检查、调试、故障排除； 5. 能进行三相笼型异步电动机电磁抱闸制动控制电路的检查、调试、故障排除	1. 电气原理图阅读与分析方法； 2. 三相笼型异步电动机启动控制电路原理； 3. 三相笼型异步电动机正、反转控制电路原理； 4. 三相笼型异步电动机多处启动控制电路原理； 5. 三相笼型异步电动机一三角启动控制电路原理； 6. 三相笼型异步电动机电磁抱闸制动控制电路原理
中级	低压电气选用	1. 能选用熔断器、断路器、接触器、热继电器、中间继电器、主令电器、指示灯及控制变压器； 2. 能选用计数器、压力继电器等器件	1. 常用低压电气的选用方法； 2. 计数器、压力继电器的工作原理和选型方法
	继电器、接触器电路装调	1. 能进行三相绕线转子异步电动机启动电路的安装、调试、运行； 2. 能进行多台三相交流异步电动机顺序控制电路的安装、调试、运行； 3. 能进行三相交流异步电动机位置控制电路的安装、调试、运行； 4. 能进行三相交流异步电动机能耗制动、反接制动控制电路的安装、调试、运行	1. 三相绕线转子异步电动机启动电路原理； 2. 多台三相交流异步电动机顺序控制电路原理； 3. 三相交流异步电动机位置控制电路原理； 4. 三相交流异步电动机制动控制电路原理

维修电工职业技能鉴定练习题

1. 转子绕组串电阻启动适用于（　　）。

A. 笼型异步电动机　　B. 并励直流电动机

C. 绕线式异步电动机　　D. 串励直流电动机

2. 一台三项变压器的连接组别为“Y，d11”，其中“d”表示变压器的（　）。

A. 低压绕组为三角形接法　　B. 高压绕组为三角形接法

C. 低压绕组为星形接法　　D. 高压绕组为星形接法

3. 检修接触器，当线圈工作电压在（　）U_n 以下时交流接触器动铁心应释放，主触点自动打开切断电路，起欠压保护作用。

A. 80　　B. 30　　C. 85　　D. 50

4. 三相绕线转子异步电动机的调速控制采用（　）的方法。

A. 转子回路串联可调电阻　　B. 改变电源频率

C. 转子回路串联频敏变阻器　　D. 改变定子绕组磁极对数

5. 为满足生产机械要求有较为恒定转速的目的，电磁调速异步电动机中一般都配有能根据负载变化而自动调节励磁电流的控制装置，它主要由（　）构成。

A. 测速发电机和速度负反馈系统

B. 伺服电动机和速度正反馈系统

C. 测速发电机和速度正反馈系统

D. 伺服电动机和速度负反馈系统

参考文献

[1] 苏生荣 . 电子技能实训 [M] . 西安：西安电子科技大学出版社，2008.

[2] 白广新 . 电工及电气测量技术实训教程 [M] . 北京：机械工业出版社，2005.

[3] 张永飞 . 电工技能实训 [M] . 西安：西安电子科技大学出版社，2005.

[4] 周元一 . 电机与电气控制 [M] . 北京：机械工业出版社，2006.

[5] 秦曾煌 . 电工学电工技术 [M] .5 版 . 北京：高等教育出版社，1999.

[6] 杨静生，邢迎春 . 电工电子技术基础 [M] . 大连：大连理工大学出版社，2006.

[7] 荆瑞红，周皓 . 电工电子技能训练 [M] . 北京：清华大学出版社，北京交通大学出版社，2011.

职业院校“双证书”课题实验教材
机电技术应用专业

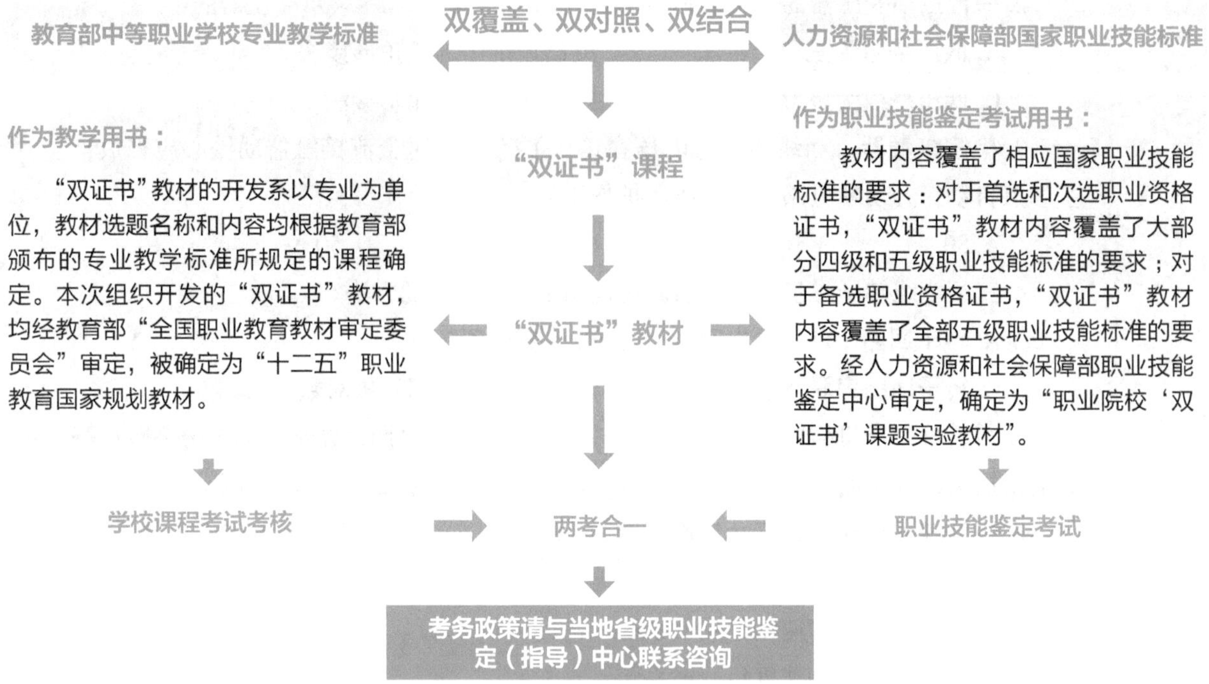

教育部中等职业学校专业教学标准

双覆盖、双对照、双结合

人力资源和社会保障部国家职业技能标准

作为教学用书：

“双证书”教材的开发系以专业为单位，教材选题名称和内容均根据教育部颁布的专业教学标准所规定的课程确定。本次组织开发的“双证书”教材，均经教育部“全国职业教育教材审定委员会”审定，被确定为“十二五”职业教育国家规划教材。

“双证书”课程

“双证书”教材

作为职业技能鉴定考试用书：

教材内容覆盖了相应国家职业技能标准的要求：对于首选和次选职业资格证书，“双证书”教材内容覆盖了大部分四级和五级职业技能标准的要求；对于备选职业资格证书，“双证书”教材内容覆盖了全部五级职业技能标准的要求。经人力资源和社会保障部职业技能鉴定中心审定，确定为“职业院校‘双证书’课题实验教材”。

学校课程考试考核

两考合一

职业技能鉴定考试

考务政策请与当地省级职业技能鉴定（指导）中心联系咨询

教材使用说明

教材识别

职业院校“双证书”课题实验教材，均由人力资源和社会保障部职业技能鉴定中心《职业院校“双证书”课题实验教材目录》给予公告，采用专用的标识，并在封底加贴唯一识别编码。需参加职业技能鉴定的学员，请在使用本系列教材前，登录“双证书教材服务平台（http://sz.nvq.net.cn）”，进行信息登记，以便记录学习过程信息和获取学习支持。

配套资源

- **学生资源：**教材另配数字学习资源，学生可在“双证书教材服务平台”上登录后，免费下载相关学习资源。
- **教师资源：**教材配有相应模拟试卷，任课教师经过授权并登录“双证书教材服务平台”，填写有关信息后，可免费下载。也可向试点地区的职业技能鉴定指导机构、有关出版单位索取。
- **题库建设：**各专业的“双证书”课程和综合实训课程的考试试题，可由试点地区职业技能鉴定中心根据本系列教材，组织职业院校教师、行业企业专家共同命题组卷。对于符合国家职业技能鉴定题库技术要求的试题，可推荐收录到国家题库中。

教材体系

机电技术应用专业“双证书”教材体系由《电器与 PLC 控制技术》《电工技能实训》《机械拆装技能实训》《典型机床电气故障诊断与维修》《钳工技能实训》《电子技能实训》《机床电气线路安装与维修》《机电综合实训》8 本教材组成。这 8 本教材基本上覆盖了维修电工国家职业技能标准的基本要求和五级、四级工作要求。

希望各地职业技能鉴定机构、职业院校和我们一同努力，积极探索符合职业院校特点、对接国家职业技能标准、课程考试与职业技能鉴定“两考合一”的职业院校学生评价体系和“教学训考”资源开发使用模式。

有关有关职业院校“双证书”课题实验教材的具体问题和反馈意见可咨询人力资源和社会保障部职业技能鉴定中心课题组。

联系方式： 人力资源和社会保障部职业技能鉴定中心 许 远 vocscum@qq.com, 010-84661204
外语教学与研究出版社职教分社 吴 飞 609311386@qq.com, 010-88819197

“十二五”职业教育国家规划教材（中职）
职业院校“双证书”课题实验教材

书　名	第一主编	书　号	定价 / 元
机械制造技术	龚雯	978-7-5135-5809-9	35
车削加工技术与技能	田华	978-7-5135-5808-2	37
数控车削加工技术与技能	李东君	978-7-5135-5818-1	28
数控铣削加工技术与技能	李东君	978-7-5135-5817-4	31
极限配合与技术测量	郭鹏	978-7-5135-7576-8	24
数控车削编程与加工	赵青	978-7-5135-5814-3	35
数控铣削编程与加工	张晖	978-7-5135-5763-4	30
数控铣工综合实训	张荣高	978-7-5135-5816-7	31
车削加工技术	陈世全	978-7-5135-7573-7	38
数控车工综合实训	王广勇	978-7-5135-7575-1	24
车工综合实训	王少妮	978-7-5135-7574-4	25
汽车构造与拆装（上）	祁翠琴	978-7-5135-5813-6	32
汽车构造与拆装（下）	祁翠琴	978-7-5135-5807-5	29
汽车拆装实训	詹远武	978-7-5135-5810-5	33
汽车电控系统检修	闫炳强	978-7-5135-5815-0	32
汽车制造工艺	李东兵	978-7-5135-5812-9	29
汽车机械制图	王丽芬	978-7-5135-5811-2	32
汽车文化	黄智亮	978-7-5135-7577-5	32
汽车电工电子基础	倪彤	978-7-5135-7578-2	32
汽车机械基础	赵青	978-7-5135-7579-9	34
汽车发动机机械维修	姜龙青	978-7-5135-7580-5	32
汽车悬挂、转向与制动系统维修	赵青	978-7-5135-7581-2	35
汽车车身电气设备检修	江帆	978-7-5135-7582-9	38
汽车发动机电器与控制系统检修（上）	丁宪伟	978-7-5135-7583-6	28
汽车发动机电器与控制系统检修（下）	丁宪伟	978-7-5135-7584-3	30
汽修专业考证与综合实训（中级工）	王胜旭	978-7-5135-7585-0	35
汽车维修接待实务	王茂美	978-7-5135-7570-6	26
典型机床电气故障诊断与维修	邱寿昆	978-7-5135-5800-6	28
电工技能实训	周皓	978-7-5135-5801-3	24
机械拆装技能实训	韩树明	978-7-5135-5803-7	32
电器与 PLC 控制技术（西门子）	周占怀	978-7-5135-5804-4	35
PLC 与变频器应用技术（三菱）	岳丽英	978-7-5135-5802-0	32

书　名	第一主编	书　号	定价 / 元
钳工技能实训	郑爱权	978-7-5135-5805-1	35
机床电气线路安装与维修	刘捍东	978-7-5135-7568-3	39
电子技能实训	钱志宏	978-7-5135-7567-6	28
气动与液压传动	郑勇	978-7-5135-5764-1	35
设备电气控制技术	李红斌	978-7-5135-7562-1	30
金属熔焊基础	关强	978-7-5135-7566-9	28
焊接结构生产	王冠雄	978-7-5135-5806-8	36
焊接检测	郭广磊	978-7-5135-7564-5	30
焊接基本技能实训	李晓霞	978-7-5135-7569-0	28
普通焊接方法与工艺	任黎娜	978-7-5135-7563-8	38
普通焊接设备操作与维护	顾鹏展	978-7-5135-7565-2	28
焊工（中级）职业技能鉴定专项实训	申海舰	978-7-5135-7561-4	30
沟通技能训练	廉捷	978-7-5135-5784-9	29
办公设备使用与维护	姜绍辉	978-7-5135-5785-6	33
办公软件应用	李星华	978-7-5135-5786-3	35
会议组织与管理	楼红霞	978-7-5135-5790-0	34
文书拟写与处理	张琼华	978-7-5135-5788-7	35
企业行政管理	林淑贞	978-7-5135-5789-4	28

“十二五”职业教育国家规划教材（中职）

书　名	第一主编	书　号	定价 / 元
网站内容编辑	宋爱华	978-7-5135-6059-7	32
商品拍摄与图片处理	丛日东	978-7-5135-6055-9	52
网络营销实务	刘青春	978-7-5135-6054-2	37
店铺运营	蓝魏	978-7-5135-6056-6	39
电子商务物流	周云斌	978-7-5135-6052-8	25
电子商务客户服务	张元生	978-7-5135-6058-0	29
网页设计	鱼东彪	978-7-5135-6057-3	26
电子商务基础	梁海波	978-7-5135-6053-5	35
办公室事务管理	任素芳	978-7-5135-4588-4	32
公关礼仪训练	佟景渝	978-7-5135-7016-9	31

说明：教材均配有丰富的教学资源，可登录 http://vep.fltrp.com 免费下载；也可与编辑联系获取：吴飞，609311386@qq.com。欢迎一线教师加入外语教学与研究出版社的作者队伍，与我们一道开发优质教材及配套资源。